フクロウが来た

ぽーのいる暮らし

刈谷夏子

筑摩書房

目次

イラスト　中島良二
デザイン　野澤享子
(Permanent Yellow Orange)
コラム作成　石澤麻子

フクロウが来た

1　カフェ・リトルズー

早足で行けば十五分か。そんな近所に半年も前にできた店のことを、パソコン画面のＹａｈｏｏ！地域ニュースで初めて知る、というのはどういうことだろう。しかも、それは「フクロウカフェ」で、何羽かのフクロウがいて、鷹もカメもヘビもいて、ふれさせてもくれるらしい。そんな、聞いたこともないような店の噂が、なぜ今日まで耳に入らなかったのだろうか。主婦の情報網というやつはどうしたんだろう？

――いやいや、そんなことはどうでもいい。とにかく行ってみよう。私は、スニーカーにかかとも収めきらないまま玄関から出て、その店を目指した。二〇一二年初夏の日のことだ。店の名はカフェ・リトルズー。

京成線の小さな駅の向こう側、商店の途切れたあたりに、その店はあるという。期待に背中を押されるようにしてあっという間に一キロちょっとの道を行き、それらしい建物が見えてきた。鼓動が速い。

あっ。

植え込みを間に挟んで道路に面したテラスは、低い板塀で囲われている。見上げるとその板塀の上、静かに、時が止まったように微動だにせず、悠然と、平然と、彼らは立っていた。フクロウだ。

店の前に行列が出来ているかもしれないと想像していたが、人影はなかった。日差しの強い昼下がり、三羽のフクロウは眠たげで、ゆらりともしない。一羽は半眼、二羽は完全に眠っているらしい。ひたすら静かな光景だ。

自分の意気込みに半ば照れたような気分で店のドアを開けると、中も空いていた。席数二十ほどだろうか。奥の壁沿いには、特大の水槽が据えられていて、大きなカメが妙に長い首を伸ばして、鼻先を水面に差し出していた。まわりを数十の赤い金魚がひらひら泳ぐ。美人のママさんが迎えてくれた他には二組の客がいるばかり。どの席でもいいですよ、というので、外のテラスに面した席を取った。ガラス窓の向こうのフクロウたちとは、一メートルほどしか離れていない。コーヒーを飲みながら、飽きるまでフクロウを見ていよう。

眠たげなフクロウたちの背中はふっくらと丸く、頭が大きい。なで肩で身じろぎもせずに立っている姿はどこか修行僧を連想させる。修行僧など会ったこともないけれども。羽のつややかさ、色と模様の美しさに見とれる。脚のかぎ爪は猛禽類《もうきんるい》ならではの迫力で、実に堂々とした、立派な生き物である。私の凝視を感じたのか、首を半周まわして振り向き、ギロリと目を開けこちらを睨む。黒い瞳をふちどるオレンジの輪は鮮やかで、強い光を放っていた。

フクロウの赤ちゃんアモン

ふと気づくと、店の奥に陣取った二人組の客は、膝の上に巨大なヘビを乗せて、しずかにその皮膚を撫でている。この方面は得意とは言えないので、見ないようにする。カウンター席に座った人たちも、うっとりと何かを愛でているようすだ。なんだろう、ヘビか？　カメか？　トカゲか？

覗きこんでみて、驚いた。カウンターの上にいたのは、ひとかかえもあるフクロウの赤ちゃんだった。ぽわぽわの、たんぽぽの綿毛のような灰色の羽にくるまれている様子は、何の知識がなくても赤ちゃんとしか思えない。それにしても大きい。頭は人間の赤ちゃんのそれと同じくらいありそうだし、何より、つややかな漆黒《しっこく》の目玉が、巨大、と言いたい大きさである。その巨大なビー玉のような目玉が、おっとりとした瞬《まばた》きを繰り返し、甘えたような表情でまわりの世界を見ていた。

「ミルキーワシミミズク、っていうんですよ。アフリカでいちばん大型のフクロウ。触っても大丈夫ですよ。こうやって、ゆっくり静かに撫でてみて。人のことが大好きだから。」

おそるおそる首の後ろあたりに指を当ててみると、しっとりとした感触の、空気のように軽いうぶ毛だった。触っているのか、触っていないのか、すぐにはわからないほどの柔らかさだ。その柔らかさにフクロウの体温がからみつく。指の半ばまですっぽりと埋まってしまうほど、うぶ毛は豊かにその頭蓋骨を覆っている。フクロウは、おとなしく撫でられてくれて、ひょっとすると喜んでいるのかもしれない。首をすくめた。

「アモンっていう名前なの。甘ったれでね。」

お客さんから追加注文があって、ママさんが奥の厨房に入っていくと、アモンは首を伸ばせるだけ伸ばし、回せるだけ回して、その姿を目で追う。

「しばらくは、いつも私の見える場所にいさせてやろうと思って、お店の中にいるわけ。」

店のオーナー夫婦は車で一時間ほどのところに住んでいて、毎日、鳥たちを車に乗せて一緒に出勤してくるのだそうだ。一羽一羽にケージがあるが、メガネフクロウのモコは、ケージに入れられるのが大嫌いで、無理に入れると暴れて羽を傷めてしまいかねない。しかたがないから、この子だけは運転するママさんの肩に止まって、一時間のドライブを過ごすのだそうだ。

フクロウという種について

「フクロウ」は鳥類フクロウ目フクロウ科およびメンフクロウ科の約二百種の鳥を指す。南極大陸と一部の離島を除いて世界中に分布している。

「森の中の高い木に暮らす鳥」というイメージが強いが、ツンドラなどの寒くて開けた地に生息するシロフクロウや、砂漠や草原のプレーリードッグが掘った穴に暮らすアナホリフクロウなど、種によって暮らしぶりは多様。二〇一六年リオ・オリンピックでは、ゴルフコースのバンカーに暮らすアナホリフクロウ一家も話題になった。

大きさもさまざまで、手のひらに乗る体重一〇〇グラムにも満たない小柄なフクロウから、両翼を広げると二メートルほどになる体重四キロ以上の巨大なフクロウまでいる。

日本では、頭に耳のように生えた羽角《うかく》があるものを「ミミズク」、ないものを「フクロウ」と呼び分けるが、分類学上には違いがない。英語ではまとめて owl と呼ばれている。ワシやタカと同様、狩りをして小動物などを捕る猛禽類だ。

「肩にフクロウ乗せて運転しているのに気づいたら、対向車のドライバーが仰天するでしょう？　幻かと思うよねえ。肩の上でおとなしくしているの？」

「ん、落ち着いたもの。対向車や歩行者に驚かれたことはあるけど、意外と気づかれないみたい。」

そんな話をしながら、ママさんとアモンの視線が、時々ぴたりと合う。アモンはママさんが大好きに違いないが、ママさんもまたアモンがかわいくてしかたないらしいのが、ちょっとした動作に溢れている。人間のお客より、よほど大事そうに扱う。ママさんは、客商売の割には、むやみやたらと愛想がいいわけではない。この店の主人公は、オーナーでも客でもなく、動物たちであるらしい。その加減は好もしい。

会話の真ん中にきょとんと立って、まわりの人間の顔を見回していたアモンが、ふいに前のめりになり突っ伏してしまった。フクロウといえば直立姿勢のイメージしかないから、まったく様子が変わって驚いた。まるで行き倒れといった姿だ。

「これ、アヒル寝って言ってね、フクロウの赤ちゃんが寝る姿なんですよ。一人前に育つともうこの姿勢は取らなくなるから、今のうちだけ。体を支えて縦になっているだけの力がまだ足りないんでしょう。これでしばらくはお昼寝。」

その脱力した姿は安心しきって、無心そのものだ。うつぶせといっても顔は下を向いているわけではなくあご（フクロウにあごがあるのか、よくわからないが）をテーブル面に預け、斜め上を向いている。たまにぱふっと嘴《くちばし》を開く。天を仰いで、フクロウの赤ちゃんは眠るのだ。

その日から、リトルズーに繰り返し行くようになった。生き物、とりわけ鳥が好きな友人たちは、私がリトルズーを発見するやいなやさっさと一人で先に行ったことを「ずるい」と責め、そのメールには怒りと拳骨のマークが並んでいたから、すぐにお連れした。マスターが上手に解説しながら威風堂々のベンガルワシミミズクを腕に乗せてくれて、友人たちは興奮しながら一人ずつ交代に写真に収まる。その重量感と迫力、温かさを感じながら愛でるひとときを過ごした帰り道、友人の高校生の娘が、やけにしんとしていると思ったら、「人生でいちばん幸せな日が今日だったかもしれない」と言ったので、みんなで驚いた。

そんなこともあって、人と会う約束をする時には、「ちょっと遠くまで来てもらうことになってしまいますけど、フクロウカフェなんて、いかがですか？」と提案するようにもなった。それにしても予想外だったのは、みんながみんなフクロウが好きというわけではない、ということだった。うれしそうに店のことを話す私に対して「興味ない」

とか「別に見たくない」とか、はっきり言う人はいなかったけれども、それは礼儀というものがあるからで、熱意の欠如ははっきりとわかる。「……なんだ、知らなかった、みんな好きなんだと思った」と、意外にも不満にも思う自分が、我ながら滑稽だ。フクロウや鷹は見たいけれども、リトルズーに蛇がいるために、それが怖いから行けない、という人もいる。とにかく無理に誘うのはよした。

それでも、鳥好きの友人たちと通ううちに、アモンの成長を見ることになった。初めて会った日にはきょとんと立って、ゆっくり瞬きをし、ママさんを目で追い、疲れてアヒル寝をする、それがすべてのアモンだったが、その翼に、うぶ毛の間から一人前の羽が生え、伸びてきた。おむつ姿の赤ちゃんのように丸かったお尻にも、美しい尾羽が並ぶようになり、全体の姿が細長くなってきた。脚の力も強くなったのだろう。さかんにひょこひょこと歩きまわり、時には小走りまでして、そうやっていちばん好きなミワさん（ママさんはミワさんという）の後を熱心に追うようになっていった。アモンの小走りは愛らしい。まだまだ赤ちゃんのくせにでかい図体で、脚も大きい。右左右左と体を揺すりながらいくらかガニ股で歩をすすめる。そして時には翼をばさばさと羽ばたかせながら前進する。少し体が浮いているのを、アモンも感じていることだろう。すでに一キロを超したその体を空中に浮かべるのは、容易なことではないのは想像がつく。こうやって少しずつ飛ぶことを覚えていくのだろう。

店が混んでくると、ミワさんはかなり忙しく、そのミワさんを追うアモンも忙しい。大きな図体で店のフロアを右往左往するものだから、邪魔にもなるし、危なっかしくもあるのだが、その後追いの姿のけなげさに客は見入るのだ。

ハリスホーク蘭丸

ある日リトルズーで一人の青年と出会った。マスターと鷹の話をしていた。ミワさんはフクロウたちのママだが、マスター（クニさんと呼ばれている）は鷹たちの主なのだった。何種類も鷹を飼っていて、その飼育と訓練に余念がない。

さてその青年、大木君は真面目そうな、あまり派手なところのない人だったけれども、艶やかに美しい赤茶色のハリスホーク（日本名はモモアカノスリ）を連れていた。彼とハリスホークが一対になった様は、派手ではないにしても、どこか凛々《りり》しいと言いたいような魅力があった。大木君は口数少なめで、周囲の客がどれだけ彼の鷹を褒めても、穏やかに、しかし満足げに相棒を見つめるばかりだ。相棒の名は蘭丸だという。

蘭丸は、人に飼われる猛禽類が皆そうであるように、両脚に柔らかい革でできた脚輪（アンクレット）をはめている。飼い主は、脚輪にジェスというベルトを付け、それを肘まである丈夫な革手袋をはめた手に握りこんで、腕に鳥を止まらせる。それが猛禽を「据える」という訓練で、すべての基本となる。

大木君は、店の中で静かに蘭丸を据えていた。その姿はごく自然で、無理がないように見える。蘭丸は、爪も嘴もいかにも鋭く強そうであるのに、その目は静かに落ち着いて、大木君の手袋にしっかりと止まっている。時折、手袋の縫い目を嘴で突ついたり、羽繕いをしたりして、リラックスした様子だ。

「外で飛ばせる訓練はしているんですか？」

鷹を飼う人は、狩りをするかどうかは別としても、どうしても空を飛ばせてやりたくなる、それはもう必然と言っていいようなことだ。翼を拡げて風を捉える鷹のあの飛翔を思えば、「飛ばない鷹」ということは考えにくくなる。

「あれ、見せてもらったことなかったっけ？」とクニさんが意外そうに言った。前に蘭丸を中央公園で飛ばして、皆でそれを眺めたことがあったらしい。

「中央公園って、わかるでしょう？　ここから歩いて十分もかからないけど、まずあそこまで行くのに、ケージやキャリアに入れたりしないの。大木君が歩いていくと、蘭丸はかなり上を飛びながら一緒に行くんだよ。蘭丸の方が大木君の姿を探して、街路樹とか人混みとかが邪魔になっても、探し出して、ちゃんと公園までついてくる。それで、

フクロウを飼う道具

猛禽類（タカ目、フクロウ目、ハヤブサ目などの総称）を係留したり、腕に乗せたり（これを「据える」という）するには、革などでできたパーツをいくつも使う。人に飼われる猛禽類は、雛の時期が終わる頃、柔らかい革でできた脚輪（アンクレット）を両脚にはめる。アンクレットには鳩目の穴があり、その穴にジェスと呼ばれる、一五センチくらいの長さの革製やナイロン製のベルトを通す。両脚それぞれにつけられたジェスを、より戻しの金具（スイベル）で一つにまとめて、それをリーシュ（細いロープ。リードとも）につなぐ。

猛禽類を係留するには、多くの場合はファルコンブロックやパーチと呼ばれる、重たい金属製の台にリーシュを繋ぐ。また、据える時には、左手に革製のグローブをはめ、グローブについた金属製のリングに、リーシュを結わえつけ、左手にジェスを握りこむ。

フクロウも鷹も、アンクレットや尾羽の付け根などによく響く鈴をつけることがある。行方不明になったときに発見しやすくするためだ。

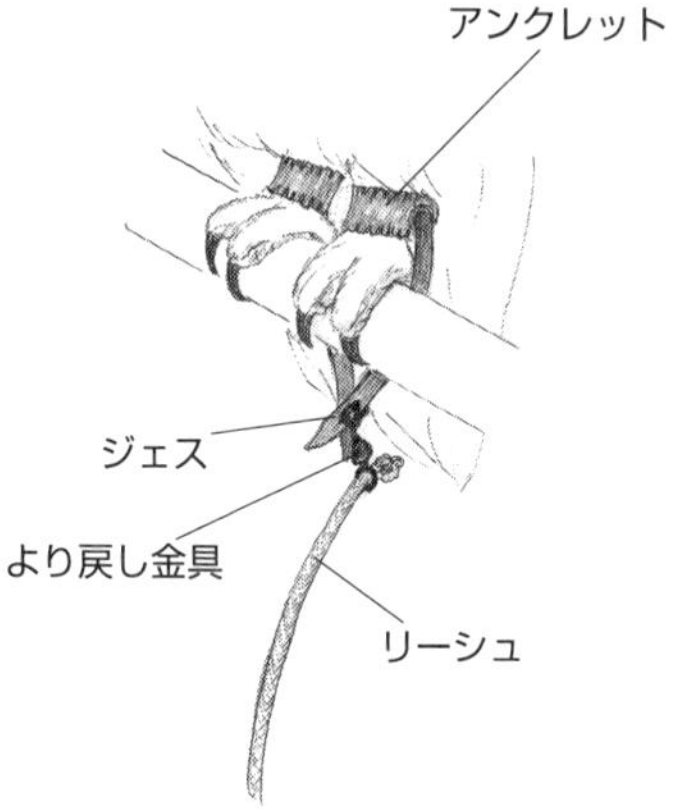

笛で合図すれば彼の腕に降りてくるわけ。」

……この美しい一羽の鷹が、とくに目立った外見的特徴もない一人の青年をよくよく見知って、広い空に舞い上がってその強い翼でぐんぐんと飛翔しながら、ずっと彼を視界に捉え続け、もし見失ったら、ちょっとうろたえて必死で探す。呼ばれると、弧を描いて彼の元に舞い降りる。大木君はそれを信じている……。なんと名付ければいいのか、自分でもわからない感情に揺さぶられた。切ないほどのある感情。

「こんなだから、大木君、人間の彼女なんてできないよねえ。ハリスホークの方がよっぽど信じられるからさあ。」とクニさんが笑った。


その何日か後に、仕事でお世話になっている海野さんと会食をした折、新そばと天ぷらを堪能した満足感の中で、大木君とハリスホーク蘭丸の話を披露した。

「……想像してみてくださいよ。強い翼を持った若い鷹がですよ、空に放たれて、たとえば三十メートル上空にまで飛んだら、どんなに広い世界が見えているか。空はどこまでも広がっているわけでしょう。どこへだって、自由に行けるわけでしょう。その空を飛びながら、鷹はぽつんと頭だけ見えている大木君を見失わないんですよ。見失いたくないんでしょう。すごいことじゃありませんか。」

するとと海野さんは、自分でも驚いたような顔をしながら、話しはじめた。

「今のお話を聞きながら、久しぶりに、すごく昔のことを思い出しました。いや、本当にしばらく忘れていた話なんですけどね。小学校の、たしか五年生のころのことです。ご存じの通り、私は湘南、藤沢の海に近い町で育ったんですけれども……」

夏休みが迫る七月の暑い日、学校の行事で海水浴に出かけた。学校からぞろぞろと列になって歩いて浜まで行くのだ。子どもたちはにぎやかに町を行く。ほどなく同級生の一郎君に注目が集まりはじめた。彼のまわりを一羽のスズメが飛び回り、肩に乗ったり、頭に乗ったり、飛び立っては戻ってきたりしていたのだ。合間にちゅんちゅんと鳴く。

「落ちていた雛を拾って育てたら、なついたんだよ」と、一郎君は説明したという。子どもたちはひときわ甲高い歓声を上げた。

さあ海に着いた。シャツを脱いで水泳パンツだけになる、その着替えの間もスズメは一郎君のまわりから離れず、動作がちょっと落ち着くと、肩にとまり、頭にとまる。

「いよいよ海に入って、泳ぐわけですけどね、スズメはどうしたと思います？　やっぱり一郎君のそば、海面のすぐ上を飛んでね、波間に浮かぶ頭の上にとまったりするんです。大きな波が来て、わっ、波をかぶるぞ、と思う寸前に、ぱたぱたっと飛び立って、で、また戻ってくる。あれは、すごい光景でしたよ。海には百を超す子どもの水泳帽が浮かんでいるわけじゃないですか。その中で、スズメは一郎君の頭にしかとまらない。もう心の底からうらやましかった。どんなにうらやましくても、簡単に真似できることじゃないですからね。しばらくは、スズメの子が落ちていないか、探したものです。」

残念ながら海野さんの希望はもうかないそうにない。現在では、巣から落ちた野鳥の雛を拾った場合、近くの安全そうな場に置いてやって静かに立ち去り、親鳥が世話しにくるのを待つようにする、というのがルールということになっている。もちろん、その結果、雛が死ぬ可能性はかなり高いに違いないが、それも自然の一部と思うしかないのだろう。昔からそうやって死んでいった雛が無数にいるだろうが、それに負けまいと鳥たちは奮闘してきたに違いない。

少年がたまたま子スズメを拾い、立派に育ててあげて、一人前になったスズメとともに海水浴をする、というこの話は、またもやうまく名付けようのない感情を呼び起こす。

動物と人間が強い絆で結びつく例は、いくつも挙げることができる。盲導犬、忠犬ハチ公。イルカや象たち。桃太郎さんの鬼退治を犬や猿や雉《きじ》は手伝うし、メリーさんの羊はある日、学校についていく。——そうした例と比べてみても、空を飛ぶ鳥と人とが深い関係を築くことが、一種別格の感情を呼び起こすのはいったいなぜなのだろうか。自分の感情であるのに、その事情をうまく表現できないもどかしさがある。

リトルズーは、ゆっくりとしたペースで客が増えていった。最初は、そのうち閉店してしまうか、と主も客も心配するくらい閑散としている日が目立った。常連たちは、友だちを連れていったり、コーヒーやお酒をせっせとおかわりしたりして、なんとか店を盛り立てようとし、その甲斐もあってか、開店から一年経ったころには安心感が漂うようになった。

アモンももうすぐ一歳。一人前になってきて、脚にジェスを付け、外のバルコニーに係留されて過ごすようになった。ミワさんのそばから離れて、さぞさびしいことだろう。ガラス越しに店内のミワさんの姿を捉えようとするが、反射して見にくいのか、しきりに頭をぐりぐりと動かして見える角度を探っている。両翼の羽は見事に揃ったけれど、頭にはまだいくらかホヨホヨのうぶ毛が残っている。一般に、大型の鳥ほど成長がゆっくり進むそうだ。小型フクロウなら、卵から孵《かえ》って一ヶ月で羽が揃ってきて、二ヶ月目ごろにはもう成鳥の姿になるそうだが、アモンはまだどこか幼い。

「アモン、あんなに一生懸命ミワさんを目で追って……」

外のテラスで、クニさんに頼んでベンガルワシミミズクのルナを据えさせてもらいながらも、つい馴染みの赤ちゃんだったアモンに目がいってしまう。

「あんなにかわいいけれども、力はもうかなり強いですよ。アモンだってルナだって、脚で本気で摑まれたら、人間の拳《こぶし》くらい簡単に引き裂かれる。嘴だって、肉を持ってく力は凄い。猛禽類は、そうやって餌をとるんだから当たり前だけれどもね。ここで飼われている猛禽たちが、人の腕にこうやって落ち着いて止まっているのは、完全に力の加減をしているんですよ。自分の体重以上の獲物を捕らえて、しとめて、食いちぎる、それだけのことができるんですよ、ここにいる鳥はみんな。」

クニさんは、汚れてくたびれた自分の革手袋をなでながら、話す。

「同じ猛禽類でも、やっぱりフクロウと鷹では基本的な性格がまったく違ってね、鷹はすごく神経質だし、反応のゆれ幅も大きいんですよ。やり方次第で、性格も行動もゆがむ。」

そういう鳥を訓練していくのに、大きな声で叱ったりしたら、役に立たないどころか、いっぺんで関係が台無しになるという。叩くなんてとんでもない。犬を訓練するような、叱って褒めてというようなダイレクトな教え方は猛禽類には通用しない。餌のコントロールは大事な要素にはなる。でも、餌で釣るというのも一番大事なことではない。

「鷹匠と鷹は、単純な主従関係ではないんですよ。主人が餌をくれるから言うことを聞くとか、怖いから従うとか、そんなに単純なことじゃないんだよね。そんなんじゃ、空に放したとたん、どこへでも飛んでいっちゃうでしょ。飛んでいけるんだから。餌だって、自分で狩れるんだから。鷹が鷹匠の言うことを聞くのは、なによりも信頼関係なんだよ。」

クニさんも、曰く言い難いという顔をしている。鷹と鷹匠の関係をひと言で語ることばを、私たちは持たないのかもしれない。が、あるかないかもわからないそのことばは、なにか光るようなものであることはまちがいない。クニさんの革手袋はその密な関係の象徴であるようにも思えて、くたびれた手袋すら、私にはまぶしい。

「冬になって鷹狩りのシーズンに入ったら、訓練を見に来ればいい。」

「ええ、ぜひ。お願いしますね。……いいですね、フクロウや鷹を飼う暮らし。一緒に暮らしていれば、本当に細かくいろんなことがわかってくるでしょう？　本物の愛着がわくでしょう。たまに遊びにきて、「かわいい、かわいい」なんていうのとは、まったく違うことでしょうね。心の底からうらやましい。」

「じゃ、飼えばいいじゃない。飼えば？」

フクロウを飼う?

思いがけないことになった。

クニさんは、これ以上ないくらいの真顔で、けろりと言い放った。フクロウを飼えばいい、と。一瞬絶句する。

「え! ……そんな簡単なことじゃないでしょう。今まで生きてきて、家でフクロウ飼ってる人を見たの、クニさんちが初めてで、普通は個人では飼わないでしょう。動物園じゃないんだから。」

「飼ってる本人が、飼える、って言うんだからさ。うちだって、まあ生き物が好きでいろいろ飼ってきたけど、なにか特別な資格があるっていうわけじゃない。きちんと勉強しながら、守ることを守って、かわいがって、注意深く飼っていれば、この通り問題ないでしょ。あのね、犬飼うより簡単よ。」

「!」

「散歩行かなくていい。予防注射とかもない。吠えないし。病気もめったにしない。」

「いやいやいや、犬より簡単ってことはないでしょう。餌だって、大変でしょう。ドッグフードみたいにはいかない。」

「そんなの、うちが仕入れてる冷凍のウズラを回してあげる。肉のさばき方も教えるし。」

「……私は、今、夫が単身赴任中で一人暮らしなのね。そして自分も地方に泊まりがけの仕事に行くことがあって、家が留守になる。そういう時にやっぱり困るでしょう？」

「うちが預かる。約束する。」

「たまに、一ヶ月くらい留守のこともあるんだけど。」

「大丈夫、一ヶ月、僕と奥さんが大事に預かる。」

「え〜！」

「この春、ブリーダーのところからいい雛を選んできて、販売しようかと考えてたところなの。もちろん飼育の指導もするし、爪とか嘴とかの手入れも責任持つし。ジェスも作ってあげちゃう。」

「いやいやいや、無理でしょう。私がフクロウを育てられる？　子どものころ、手乗り文鳥を飼ってた程度なのに？　第一、どこで飼うの？」

「リビングの隅に五十センチ四方くらいの場所が確保できたら、そこに新聞でも人工芝でも敷いて、ファルコンブロックっていう金属製の重い止まり木を置いて、それに繋いで飼えばいい。ケージなんていらないの。かえって羽を傷めるから、ケージに入れない方がいい。うちでも部屋にファルコンブロックを並べてるんだから。」

……ん？　ひょっとして、飼えるのかも？

という気が三パーセントくらい芽生えてきた。

いや、七パーセントくらいかもしれない。これまでちらりとも考えたことがなかったけれども。飼えるかも？　フクロウと暮らすことができるかも？

「フクロウの寿命ってどのくらいなんでしたっけ？　数年前に、かわいがっていた犬が病死してね、それが本当に辛い経験だったから、生き物はもう飼わないって決めていたんだけども。」

「大丈夫、健康に事故なく飼ったら、中型フクロウなら二十年生きる。大型ならもっと長生きする。ほら、犬よりいいでしょ？」

それからの数日間は、「フクロウを飼う」というファンタジーと、そんな突拍子もない思いつきに無分別に飛びつくなんてあり得ない、という大人らしい判断との間を、振り子のように行ったり来たりして過ごした。

当然ながら、ファンタジーに浸る時間はうっとりと上機嫌で過ごす。試しにアモンがうちにいるのを想像して一人にやにやする。

ミワさんの後を追ったように、台所まで私を捜しに来るんだろうか？　私が外出から帰ってくると、喜んで翼をばたつかせたりするんだろうか。そして、いつかフリーフライトを敢行する日が来て、空から私の腕に舞い降りてくるようなことがあるんだろうか。ああ！

と、次の瞬間に、醒めた顔をした理性がにやついた私を叱りつける。生き物は飼わない、そう決めたはず。いくら留守の間は預かってくれるといったって、仕事にも旅にも気軽には出かけられなくなる。長生きのフクロウが生きている間、飼い主の責任は続く。フクロウが見たければ、カフェに毎日でも行けばいいだけのこと。

ファンタジーの愉しさに比べ、この理性的判断の味気なさ、つまらなさ。二つを比べると、どちらが素敵かははっきりしているけれども、ただ、どちらが「ごもっとも」かもはっきりしていて腹立たしい。ぐらぐらと気持ちが揺れて、疲れてきた。

そして、電話が鳴った。

「雛が届きましたよ。見に来ませんか。」

箱の中の二羽のフクロウ

何日もあんなに迷っていたのに、電話を切ったとたん、「飼わない」という決心が一瞬で固まった。雛を見には行こう、だが、見るだけで満足することにしよう。それが正解だ。

仲間内で「班長」と呼ばれて愛されている友人がいる。無欲と率直という貴重な組み合わせの個性の持ち主で、たとえば買い物に行った先で、連れが、ちょっと目をひく新奇な物を衝動買いしそうになると、「そんなん、いま欲しいだけで、明日になったらゴミになるわ。後悔するに決まってる。やめとき、やめとき」と冷や水を浴びせ、何度も友人たちを救ってきている。この班長に同行してもらって、カフェに行くことにした。こういう人選ができるようになった自分を褒めたい。

「ケーキセットでも、ランチでも、なんでもご馳走するから、私を止めてね。飼わないことに決めたんだから。雛のかわいさに、もしうっかりふらふらしたら、どんなにひどいこと言ってもいいから、目を醒まさせて。」

「わかってる。大事な任務はぜったい忘れへんわ。フクロウなんか飼わんでええねん。シンプルな暮らしが一番やわ。」

「よろしくお願いします。」

こうしてストッパー同道で乗り込んだ私を、笑顔のミワさんはこっちこっちと手招きして、床に置いた段ボール箱を示した。しゃがんで覗き込むと、ところどころ糞で汚れた古新聞の上に立って、思い切り顔を上げて、真っ黒な目玉でひたと私を見た二羽のフクロウの雛たち。体格に大小があって、何日か違いで生まれたきょうだいたちかと思われた。大きいほうの雛が箱から出たがってしきりにばたつき、箱の側面めがけてジャンプを繰り返していた。その大騒ぎを避けて、ちびさんのほうは隅できょとんとした顔をしておとなしくしている。

箱のそばのテーブルに陣取り、ちびっこたちを眺めていると、ミワさんがタオルを

私の膝に広げ「どっちの子を見る？」と聞くので、やんちゃさに惹かれて「大きいほうの子」と答えた。

「大きいほうの子」は、そっと私の膝の上に置かれた。ぽっと温かさが伝わってきた。箱から出してもらってうれしいのか、すっかり落ち着いてちんまりと座り、あたりを見回し、私を見上げる。頭のぽわぽわとしたうぶ毛をなでると、とろりとした柔らかさが頼りないほどだ。しきりにぴいぴいと鳴く。

ミワさんが小さなガラスの器に餌のウズラ肉を入れ、ピンセットと一緒に持ってきた。

「この鳴き方はちょうどお腹がすいてきているしるしだから、やってみて。」

この店に出入りするようになって一年経つが、餌やりをさせてもらったことはない。かなりうれしい。

小指の爪ほどの大きさに切った肉片をピンセットでつまみ上げ、おそるおそる嘴の前に持っていく。と、「大きいほうの子」は、なんの躊躇もなく口を大きく開け、その瞬間、目をつぶった。まぶたが閉じる寸前、その内側を、半透明の「瞬膜」が目頭から横にすっと眼球を覆った。そうやって薄目をつむって、「大きいほうの子」はあーむと肉片を受けとった。嘴がピンセットの先もいっしょに銜《くわ》え、コツッと軽いプラスチックのような感触が私の指に伝わってきた。そして、今度は思い切り大きく目を見開いて、私を見つめながら、待望の食事をごくりと飲み込んだ。

私のどこかでカチリとスイッチが入った。

ストッパーの班長のことばは、耳に入っていたような、いなかったような。確かな覚えがない。

フクロウを飼う！

帰り道、班長が穏やかな声で言った。

「ごめんね。ケーキセットご馳走になったけど、止められへんかったわ。かなりがんばったつもりやったけど、途中で、もうこれは無理やなと思ったわ。任務は失敗やった。……ていうか、もう止めんでええ、って感じやったよねえ。違う？」

そうだ。誰にも止められない。班長は無欲で率直なだけでなく、察しがいい。あんなに固く決意したのに、「飼わない」という選択肢はいとも簡単に蒸発してしまっていた。あとは、諸問題をどう解決するか、というだけのことになった。そんなのは簡単なことだ。

フクロウをリビングで飼うとなったら、家族に相談せずに決めるわけにもいかないので、仮予約だけを入れてきた。家族にはぜひ賛成してもらおう。さっそくその晩、スカイプを介して家族会議が開かれた。夫は仕事で、娘は留学で共にイギリスにいる。フクロウの雛が議題となる国際三者会議である。パソコンの画面には、借家にいる夫と、寮にいる娘が映っていて、会議招集の理由をはかりかねた顔をしている。

「えーと、相談したいことがあるんですけど。前から、フクロウカフェの話をしたり、そこのフクロウの写真を送ったりしたでしょう。でね、この春生まれたモリフクロウの雛が来たっていうので、今日、見てきたの。さっき写真をメールで送ったから見てね。それで、あのお、この子をぜひ飼いたいと思うの。自分の貯金で買いますから。いかがでしょうか?」

ふたりのびっくりした顔を見て、おかしくなった。

「なに? うちでフクロウ飼うの? 鳥かごで飼えばいいの? リビングで飼うの? 餌は? 留守できるの?」

いくつもの質問に、私は弁舌さわやかに対処していく。さんざん自分が悩んだことなのだから、どれにもちゃんと答えはある。

先に娘が笑いながら言った。

「いつか、お母さんがそういうことを言い出すような気がしてたんだ。いいじゃない。でも、わたしは当分日本に帰れないし、雛の時期を見逃すのは悔しいなあ。一年待てない？」

「悪いけど、待てません」

夫は、もう少し慎重だったが、徐々に事態を面白がる雰囲気が出てきた。

「家でフクロウを飼ってる人なんて、ほかに知らないからなあ。でもまあ、いろいろ考えた末のようだし、ちゃんと飼えると言うんなら、反対はしないよ。それに考えてみたら、あなたはここ何年か、欲しいものが何もないって言ってたでしょ？　こんなに何かが欲しいっていう話を聞くのは、ほんとうに久しぶりのことだからね。」

こうして、うちにフクロウが来ることが決まった。三人で名前の候補を出し合って、検討の結果「ぽー」と決まった。

ぽーが来た

すっかり手筈が整ってからわかったことだが、あの日一つの箱の中に仲良くいた二羽の雛は、きょうだいでもなんでもなく、それどころか、小さいほうの子はモリフクロウだが、大きいほうの子、ぽーはウラルフクロウとモリフクロウの混血だった。

「ハイブリッド（混血）のウラル・モリは、いま日本中でも二羽か三羽しかいないはず。すごく貴重な子なんですよ、わかってる？」

ブリーダーの元から選びに選んで雛を連れてきたクニさんは、そう胸を張る。確かに、モリフクロウの小さいほうの子より数万円は値段も高かった。けれどもどういう加減か、その希少性について私はそれほどの感慨を持つことはなかった。ごく平凡な存在であったとしても、私はきっとやんちゃなぽーを選んだだろう。

もう一つわかったことは、ぽーは性別不明ということ。ほとんどのフクロウは外見では雌雄を判別できない。同じ種ならメスの方が大きいので、比較するとわかる場合が多いようだが、ぽーは希少な混血であるために、事情はもう少し複雑だ。

「オスかメスか、どうしても知りたかったら、羽を抜いて根元の組織のＤＮＡ検査をするしかないけど、します？」

しません。

ミワさんとクニさんに基本的な飼い方をしっかりと教えてもらい、ぽーを我が家に迎える日が決まった。

大きめの段ボール箱を手に入れて、ぽーを迎えにいった。箱にかぶせる覆いとして古いバスタオルも用意したけれども、それを見て、ミワさんがふふっと笑った。

「この子は、ほんとうにじっとしていなくて、箱から出たいとなったら、バスタオルくらい、はねのけて出ていくと思うな。じっと箱に入っているのが大好きな雛もいるんだけどねえ。」

ぽーは、まだ幼い翼をばたつかせてジャンプするだけでなく、側面に必死で爪をたて、くちばしで箱のふちを銜え、がむしゃらによじ登るそうだ。本気で閉じ込めておきたい

モリフクロウとウラルフクロウ

本書の主人公、ぽーはモリフクロウとウラルフクロウの混血だ。モリフクロウはヨーロッパやアジア、北アフリカの森林地帯に、ウラルフクロウはユーラシア大陸の比較的北部の地域や日本の森林地帯に生息する。日本でフクロウと言ったときはたいていこのウラルフクロウのこと。ホンドフクロウと呼ばれることもある。

モリフクロウは体長約三七〜三九センチ、体重四二五〜五二五グラム。ウラルフクロウは体長約五六〜六二センチ、体重七〇〇〜八七五グラムという。雌は雄より大きい。二〇一六年現在、体長三八センチ、体重四八五グラムのぽーは、モリフクロウに近い体型といえるだろう。

野生のモリフクロウは巣を激しく防衛し、近づきすぎたものに対しては真っ向から攻撃するという。筆者の娘がぽーの住む実家に帰った際、多いときで一日に七回も頭を蹴られたのは、モリフクロウの遺伝子が駆り立てた結果なのだろう。

なら、かなりしっかりとカバーをしないといけないだろう。

「でも、あばれて羽を傷めたらいけないから、しばらくは好きにさせておくしかないかもしれない。うちにいた間も、そうだったから。」

ぽーは箱入り娘というタイプではないのだ。

自然のなかでは、ウラルフクロウやモリフクロウは、木の洞《うろ》を利用した巣穴で母フクロウに抱かれて孵化《ふか》し、雛の時期を過ごす。それはかなり深さのある穴で、外へ通じる出口は、巣の底からときには三十センチほども高い位置になるらしい。雛がいよいよ巣立ちの時期を迎えたとき、上方にある巣の出口まで自力でよじ登るのは、どうしてもクリアしなければならない試練だ。母鳥は、お尻を押してくれたりはしない。ぽーはたいへん意欲的にその試練を乗り越えて、次の冒険へと果敢に乗り出そうとしているわけだ。

「ちょくちょく店に連れてきてね。寂しくなるから。」

二〇一三年五月二八日、ミワさんに見送られて、ぽーはリトルズーを後にした。体重三六一グラム。孵化から一ヶ月ちょっと。モリフクロウにせよウラルフクロウにせよ、森で生まれたフクロウの子たちもそろそろ巣立ちしていくはずの時期だった。

2 フクロウの子ぽー

我が家のリビングルームに段ボール箱をそっと下ろすと、ぽーはしばらく警戒するように体を固くしていたが、移動の揺れがすっかり収まったことを納得したのか、箱から出ることに決めたようだった。バタバタぴょんぴょんし、側面をひっかき、かじりつき、箱の縁の上に立った。狭い足場で体をぐらぐらさせつつも、なんとかバランスを取り、大真面目な顔をしてあたりを見回した。何が気になるのか一ヶ所をしばらく凝視したりして、気まぐれのように私のことも眺め、それからひょいっと床に降り立った。

この日のうちに、友だちやら近所の人たちやら十三人がぽーを見にきて、歓声を上げていった。いったい何回「かわいい」ということばが発せられたことだろう。そうした興奮の渦の中でも、ぽーは大して萎縮も緊張もしていない様子で、どちらかと言えばおっとりとした雰囲気で立ち、歩き、頭を掻き、ジャンプをし、そして疲れてアヒル寝をした。つっぷして寝るフクロウの子に、友人たちは声を潜めて見入った。

見学客からは興味深い（とっぴょうしもない）感想も聞かれた。

「これって、鳥なの？」

「なんか、猫に似てない？　頭が丸くて、ドラえもんみたい。」

「えっ？　卵から生まれたの？　なに！　ペンギンも卵から生まれるの？　知らなかった。どっちも哺乳類みたいな気がしてた。」

「夜行性なんでしょう？　なんで昼間なのに起きてるの？」

「どこで捕まえてきたの？」

「フクロウって、売ってるんだ！　飼っていいんだ！」

フクロウのいる暮らし

中でも忘れられないのは、山田さんのことだ。山田さんは町内会の世話役として近所の人気者で、ごみ置き場のカラス対策などで活躍している。この人が、騒ぎを聞きつけて庭先から覗き、ぽーを見て大きな声を上げた。

「わあ、フクロウの雛だ。そうか、そういう時期だ。かわいいねえ。僕は九州の田舎育ちでね、近所の森の木の洞《うろ》でフクロウが子育てをしていたの。で、毎年春、筍の出るころになると、はしごをかけて巣を見にいってねえ。」

「山田さんもフクロウが好きだったんだ！　なんだかうれしいなあ。」

「いや、それでね、卵を一個、取ってくるわけよ。」

取ってくる、とはどういう意味だろう。自分で卵を孵《かえ》したとでも言うのだろうか。次のことばを熱心に待ったが、山田さんはにやにや笑って、すぐに言わない。

「親に卵を取ったこと知られると、そりゃあ怒られたけどね。」

「卵を、どうしたんです？」

「食うの。ゆで卵にして。うまいんだ、これが。」

……絶句である。

フクロウの卵を食べてはいけない！　が、数十年前、田舎のいたずら坊主が、親に叱られながらこっそり毎年一個食べたからといって、その地のフクロウが絶滅したわけでもないだろう。もともと野鳥の子育てには、いつだってかなりのリスクがある。山田少年のこのおどろくべきエピソードは、自然というものがそのくらい人の暮らしのすぐそばに、当たり前に、豊富に存在したことを示すものだ、と見ることもできるのかもしれない。

私がぽーを飼いはじめると聞いたイギリスの友人たちの反応も、なかなか思いがけなかった。

イギリス人が自然を深く愛することは、二一世紀にあっても揺らいでいない。数年前から夫がイギリスで仕事をするようになり、私も年に一、二度は滞在するので、徐々にイギリス人の友人ができていた。といってもたかだか十人かそこらだ。たったそれだけの中でも、私がフクロウを飼うと聞いて、まずロレンスさんが、

「僕も子どものころに飼っていた。十一歳だったかな。」

と懐かしげに応じ、私を喜ばせた。オックスフォードの大学町の真ん中でのことだそうだ。

「父の知り合いが、近くの森で巣から落ちたフクロウの子を拾ったのがきっかけで、うちの裏庭にあった小屋で世話したんですよ。あれは楽しかったなあ。まあ、ただの平凡なモリフクロウだったけれども、ＯＷＬ（オウル）をもじってＷＯＬ（ウォル）と名付けてね。『くまのプーさん』に出てくるフクロウの名なんですよ。飼い方も、鳥に詳しい人から習ってきた。肉屋から新鮮な肉を買って、それを綿でくるんでエサにするんです。ペリットを吐かせるためにってていうのでね。たしか、古い写真が残っていたなあ。」

長いこと飼い続けたのかと思って、その後のことを聞くと、不思議そうな顔をした。

「飼ったのはほんの一時期のことですよ。飛べるようになってからは、台所で飼うようになったんだけれど、その天窓が少し開けてあって、ある朝起きたらいなくなってた。天窓から森に帰っていったんだね。それでいいと、みんな思っていたし。」

それ以外の可能性など、考えもしたことがない、という顔だった。

そして、もう一人の友人イアンさんは、

「フクロウは確かに魅力的な鳥であるけれども、家の中で飼うというのは考えたこともない。うちの裏庭の木にも飛んでくるし、鳴き声もよく聞く。それで充分だと思うんだが。」

と言った。彼の家は、絵画のように美しい丘陵地帯として知られるコッツウォルズの一角にある。裏庭には鹿もキツネも来る。休日に彼の村を訪ねると、道路は、自動車の数より、かぽかぽと歩く馬の数の方が多く、道を横切っていく野生動物も数多い。イアンさんちのようにフクロウがしじゅう裏庭に来るのなら、私も、飼うということは考えなかったかもしれない。

日本国内でも、フクロウが今もまだ身近な存在でありつづけている地域もある。テレビ番組で、広島県のある民家の屋根裏にフクロウが卵を産みにきて、雛が孵ってしばら

フクロウと人のかかわり

［西洋］

フクロウは古来、田畑の作物を食い荒らす虫や小動物を食べてくれる存在として、農耕民にとって益鳥とされていた。古代ギリシアでも、元来、女神アテネは農耕の神とされていて、その使いがフクロウだった。のちにギリシアが都市国家になる過程で、女神アテネも農耕の女神から都の守護神となり、いつしか知恵の神、学芸の神となった。それに合わせて、フクロウも知恵の象徴になったと言われている。古代ギリシアの頃からアテネのコインにはコキンメフクロウの姿が彫られた。

古代ローマ時代には女神ミネルバが知恵の神の座に就いたが、その際にフクロウもミネルバの使いになった。このイメージは後のヨーロッパ文化にも根付いて、ヘーゲルの「ミネルバのフクロウは夕暮れに飛び立つ」という有名なことばにもつながった。

こうした歴史を背景にして、ヨーロッパでは今も、フクロウはかなり広く愛されている。ハリー・ポッターシリーズでも重要な役回りをしたことは記憶に新しい。イギリスの書店に並ぶ主だった鳥類図鑑十冊ほどのうち、三冊は、表紙がフクロウの写真だった。

トルコ語では、フクロウを「バイクシュ」という。「バイ」は英語でいう「ミスター」、「クシュ」は「鳥」という意味。つまり、「ミスター・バード」というわけだ。「それくらい、トルコ人はフクロウに親しみをもっているんですよ」と、ある日リトルズーを訪れたトルコ人女性が教えてくれた。

［日本］

日本では昔から暗い夜の森に響くフクロウの鳴き声がよく知られ、「ボロ着て奉公」「五郎助奉公」「糊つけ干せ」などといった聞き做《な》しが知られている。昼間は静かに過ごしていて姿が見えないフクロウだからこそ、その鳴き声が人々の印象に残ったのだろう。

歳時記によれば、フクロウの季語は冬だ。ぴしりと冷たく澄みわたる空気の中で、フクロウの声がよく響くからだという。

山ふかみ　けぢかき鳥の　おとはせで
もの恐しき　ふくろふの聲　　西行

梟が　笑ふ目つきや　辻角力　　小林一茶

ふくろうはふくろうで
わたしはわたしで　ねむれない　　種田山頭火

日本にも、「フクロウは知恵の象徴」というイメージは伝わってきている。旧首相官邸の屋上には、四羽のミミズクの彫刻が飾られていた。知恵の象徴として官邸の役割を示した、また、夜行性なので夜も首相を守っていた、という説があるらしい。

そして今、日本でフクロウに関して最も目立つのは、「不苦労」「福朗」といった当て字を使った「縁起物」としての扱いだ。観光地の土産物屋には必ずといっていいほどフクロウグッズがある。フクロウも驚いていることだろう。

く経つと、母フクロウは子どもらの世話をおばあさんに託して去っていく、という光景も見た。もう二十年以上も続いていることだそうで、毎年たいてい二羽の雛が孵り、おばあさんはピヨちゃんとポコちゃんという名を繰り返し付けてきた。鶏のささみを与えながら大いにかわいがって育てる。雛はおかげですくすくと大きくなって、階段を降りてきて、お茶の間でおばあさんの頭の上、肩の上に止まったりもする。そしてある夜、巣立ちの時が来て、窓から暗い森へと一気に飛び去っていくのだ。おばあさんは、寂しくなるなあと思いながら初飛翔を見送る。この家から巣立ったフクロウは五十羽を超えるそうだ。

フクロウはペットではない

叶うことならば、私もそんなふうにぽーと出会い、窓を開け放った開放的な環境の中で一緒に暮らしたかった。夕方になると、森からぽーが窓辺に遊びにくるというような。私がフクロウに惹かれるのは、なによりまず、彼らがくっきりと「自然界に属するもの」だからだ。彼らは森と空に属し、野性味にあふれた鳥だ。手乗り文鳥やインコとは違って、冷暖房のきいたこじゃれたリビングルームに属するものではない。

かといって、夜行性のフクロウは実際にはめったに人の目に触れない。たとえば、ロレンスさんはフクロウが多くいるイギリスの地で長くバードウォッチングを趣味としてきたが、野生のフクロウを見たのはたった二回、それもチラリと見ただけだという。私も何十年間も、森や山に出かける時は必ず、鳥に関心を向けてきたが、フクロウはただの一度もかすりもしなかった。本当にフクロウを知ろうと思ったら、飼うしかないのではないか。

野生のフクロウを飼うことは、例外を除けば許されていないから、人の手元で生まれたぽーがうちに来ることになった。ぽーは孵化《ふか》した瞬間から人間の手で育てられ、その証拠として足にナンバー入りの輪っかを付けている。だから、最初からぽーは人を恐れない。人によって刷り込み（インプリント）がされているのだ。ナチュラリストは、インプリントと聞いただけで、眉をひそめることだろう。えっ！　野にいてこそ幸せな生き物を、インプリントしたあげく、リビングで飼うっていうの？　と声を荒らげることだろう。

フクロウが「自然界に属するもの」だからこそ、私は惹かれ、深く知りたいと思い、そして、いっしょに暮らそうと思った。でも、そうやって私が手を伸ばし、手に入れれば、フクロウは自然から離されることになる。なんていう矛盾だろう。

私はぽーがうちに来たこの日、一つのことを決めた。

私の都合に合わせて飼うのではなく、せめてできるかぎり、ぽーにとっての自然を大事に大事に暮らしていこう。

私はぽーを「ペット」と言う気になれない。……なかなか複雑なのである。

ぽーを見に集まったたくさんのお客さんが帰っていくと、家の中はしいんという音が聞こえそうなほど静かになり、ぽーも疲れて深く眠った。あまりに眠り続けるので、このまま死んでしまうのではないか、とふと考えて、怖くなった。実際のところ、ぽーの体は全身がぽわぽわと柔らかく、いかにも幼くて、ふとした拍子に死んでしまうということがあり得るような気がした。大事にしてやらなければ。

でも、そんな心配を打ち消すように、ぽーは目が覚めるとさっそくあたりを熱心に見まわして、今いる場所よりちょっとでも高いところを求め、目標が決まるとそそくさと移動した。文庫本が一冊、平らに置いてあるだけでも、そこに乗りたいらしい。ひょこひょこと歩いて、薄い文庫本に乗り、取りあえず満足したというふうにじっと立っているのも、かわいげがある。

一段落してまたふとまわりを見回せば、もっと高い場所が見つかる。あそこへ行こう、と決めると、部屋で一番「標高」の低い床にいったん降りることも辞さない。何度かの短いジャンプを繰り返して移動し、最後には思い切りバタバタッと羽ばたいて飛び上がって高さをかせぐ。失敗して落ちることもあるが、めげずに、二度でも三度でも挑戦する。だから、やっと到達すると、背筋を伸ばしてその高さを味わう。そしてまた眠くなって、ぱったりとアヒル寝をする。それが、この日のぽーの行動のほぼすべてを占めていた。巣立ち直後のフクロウにとって、森の低い場所にいることはそれだけ危険が多いということだろう。

ゆっくりと最初の夜が来て、私は明かりを点けることもしばらくせずに、暗がりの中にぽーといた。暗がりの中ならば、ここがフローリング仕上げのリビングルームなどでなく、どこかの森であるというような想像をする余地が、ほんの少しは残るような気がした。風が枝を揺らす音や、小動物が下草の間を駆け回る音だって、想像の中ならば聞こえるような気がした。

餌を食べ、糞をする

私はふだん二階の寝室で寝ているのだが、ぽーが新しい暮らしに慣れるまでは、しばらくは夜も同じ部屋にいた方がいいと考えて、布団一式をリビングに持ち込んだ。前の日まではミワさんとクニさんの寝室で寝ていたのだという。

　ぽーは、リビングに布団を敷いて横になった私を認めると、さっそくやってきて、短い羽をばたばたさせながら、掛布団の小山を上り、最も「標高」の高い場所はどこかと探って、胸の上あたりに陣取った。ぽーは今夜はそこで寝るのだろうか、私は子フクロウを一羽胸に乗せて眠るのだろうか。幸せだ。
　と、いやな気配が漂った。悪臭……。フクロウの糞はそれほど臭いものではないけれども、一日に一度くらいの割合で盲腸糞と呼ばれる悪臭の強い糞をする。臭いだけでなく、べたべたとして始末に悪い。ぽーは、我が家での初日、私の羽毛布団の胸元にその盲腸糞をしたのだった。拭いても拭いても、なかなか綺麗にならない。明日は朝一番で布団カバーの洗濯だ。
　深夜、私はしみじみと思った。フクロウをリビングで放し飼いにすることは、容易には世の中に広がらないだろう……。
　翌朝目が覚めると、私は目がしっかりと開ききらないうちからぽーを探した。まさか、寝がえりで押しつぶしたりはしていないか？　部屋を見回すと、ぽーはソファの上に立って、所在なさそうにしていた。次に思ったことは、夜の間に部屋中がうんちまみれになったのではないか、ということだったが、こわごわとチェックしたところ、予想よりずっときれいなものだった。ほんの二ヶ所ほどが汚れていたに過ぎない。心からほっとした。

さて、餌をやらなければならない。

ぽーは猛禽類《もうきんるい》であるから、生肉を食べる。猛禽類や蛇などを飼う人の数は決して多いとまでは言えないけれども、それでもペット用の餌として小動物の冷凍品が世の中に流通している。代表的なものの一つがウズラだ。ウズラ卵の生産農家から、卵を産まなくなったウズラが供給されているらしい。一羽が百円ちょっとで、ぽーはだいたい一日一羽を食べる。

猛禽類の餌という需要が生まれる前、そういうウズラは焼却処分されていたそうだ。死んだウズラにとって、フクロウの餌となろうが、焼かれようが、もはや関係のないことかもしれないけれども、食物連鎖という輪っかの中で別の生き物の生を支えて身を終えるほうが、いくらかは納得のいくことかもしれない。

冷凍のウズラは、二十羽ほどまとめて買い、冷凍庫の小さな引き出しに入れてある。一羽取り出して流水で解凍し、キッチンバサミで細かく切り分けていく。料理好きの主婦だったことが幸いだったが、それでも最初は手間取った。そして実は、手間のことよりも、朝一番に、羽も生えてピーンと硬直したウズラを解体するという、その心理的な負担は小さくはなかった。

現代の暮らしは、生々しいことをできるかぎり排除して、できるだけこぎれいに、においも穢れも死もどこかへ隔離し、そんなものは最初から無かったようなふりをして、気持ちよくものごとが進むように工夫の限りが尽くされている。文明人は、文明でパッケージされたものだけに囲まれ、整然と暮らしていくのが当然、というような気持ちがどこかにある。うっかりすると、自分が哺乳類の動物であることも、殺生しながら食べ、生きていることも、忘れるくらいだ。忘れたほうが気も楽なので、忘れていたい、というのが本音かもしれない。

そんな中で、朝起き抜けに、冷凍庫から黒っぽい羽に覆われ突っ張らかったウズラを取り出し、羽ごと皮を剝ぎ、骨を外すような作業をしていると、やはりちょっと心がたじろぐのだ。私は、まな板の上の魚の目を見て怖がるようなタイプでは決してないのだが、文明にどっぷり浸かって暮らしてきたツケは大きい。生の生々しさというものにや

フクロウは何を食べるか

他の猛禽類とは異なり、フクロウ類の多くは夜間に狩りをする夜行性だ。暗い中での狩りのため、自ら獲物を探して飛び回るよりは、待ち伏せ型の狩りをすることが多い。

種類や生息地にもよるが、フクロウはネズミやウサギ、昆虫、魚などを食べる。小さな獲物は丸呑みにし、大きなものは鋭い嘴で引きちぎって食べる。モリフクロウでも、スズメくらいの餌は丸呑みができる。

骨や爪など消化できないものは、一旦体内にためておき、ペリットとよばれる塊状にして吐き出す。野生のフクロウを研究する際は、ペリットを拾い、分解して調べることで、何を食べているかを知ることができる。

一方、人に飼われているフクロウは、冷凍のウズラを自然解凍させたものを食べさせることが多い。その他にも、十段階にもサイズ分けされたマウス（一番小さい生まれたてのマウスは、小指の先ほどしかなくて、ピンクマウスという名で売られている）やヒヨコ、鳩肉がある。

近頃では、生々しい姿の餌に恐れをなした飼い主のために、原形をとどめないようにそれらをミンチにしてから固め冷凍したものもある。生肉を必要とするペットが増えていけば、このミンチフードの需要が拡大していくことは想像がつく。軟弱な都会人には、きっとこの方がありがたいだろう。

はり弱い。

けれども、ぽーがさっきから腹を空かせてさかんに「餌鳴き」をしているから、自分を励ましながらウズラと格闘する。餌の用意ができてぽーの元に行けば、待ってましたとばかりにすくっと立っていて、肉片を受け取る瞬間にはまぶたも瞬膜も閉じて、例の夢をみているような顔をする。そして目を開け、一生懸命に飲み込みながら、私の目を見るのだ。そして、はやく次をちょうだいと訴える。

だから私は、今日も明日も明後日も、ウズラをさばき続ける。しばらくは一日三回、餌を与えることになっている。

糞との闘い

自然なフクロウ育てを目指す私の奮闘は、なにより糞との闘いだった。きれいごとではすまなかった。

粟や稗《ひえ》のような乾いた餌を食べる小鳥たちは、体に似合う小さな糞をして、その始末もそれほど大変なことではない場合も多い。けれども、ぽーは猛禽類で肉を餌とし、体も大きい。排泄物はそれなりの量があり水気も多い。尿は水分のほかにも白いトロリとした状態で出て、糞は黒くて軟らかい。排泄後、すぐにトイレットペーパーで拭き取り、あとをウエットティッシュできれいにすればいいのだが、拭き取るのが遅れると、床にこびりついて乾き、白いしみが残る。例の臭い盲腸糞も一日一度はする。

その上、ひんぱんに糞をする。ついさっき掃除したばかりなのに、またする。リビングのあちこちにカバーをかけたり、古新聞で覆ったりしたが、布のカバーは汚れを落とすのが容易ではなくて、あまりいい方法ではなかった。落としきれない汚れが残っていると、かえって汚らしく見える。それから、古新聞を部屋中に広げてみたが、ひどく落ち着かない気分になって、それもすぐにやめた。

腹を据えてまずは観察に努めた。時計を見ながら間隔をつかもうと考えたけれども、ちっとも一定ではなくて、あまり信用できる情報は得られなかった。まあ三十分おきというのが平均的なところだろう。糞をする場所も、行き当たりばったりだ。犬猫のように、「ここがトイレよ」としつけることなどできないようだ。

それでも、ぽーの動きをじっと見ているうちに、排泄の直前に後ずさりすることがわかった。すり足で、しずしずと十五センチほども後ろへ下がる。重心の低い前かがみのその姿は、狂言役者のようでもある。納得した場所で止まると、脚をくいっと内股にして力をこめ、お尻を斜めに突き出して、糞をする。この排泄の前の後ずさりは、糞を巣の外に落とすためかと思ったけれども、巣穴の形状を考えるとそれはちょっと合わない。

とりあえず今いる場所を汚すまい、ということなのだろうか。

餌を買いにリトルズーに行った折、ミワさんにその発見を告げると、

「そうなの、そうなの、後ずさりでわかるの。中にはどういうわけか、ずうっと一メートル近く後ずさりする子もいて、「もうその辺でいいんじゃないの」って言いたくなるくらい。」

とベテランの笑みを浮かべた。

「そういうふうに後ずさりの長い子だと、あ、うんちするな、って気づくだけの時間があるわけだから、ぱっと古新聞とかティッシュとかを広げて、受け止める人もいるって聞いたよ。」

これはいいアイデアだ。ぽーはせいぜい十五センチくらいしか後ずさりをしないが、そこに二〜三秒の時間が生まれる。さっそく百円均一の店に行って親子丼用の鍋を買い、取っ手の角度をうまく調節して、「うんちキャッチャー」を作った。すぐ手のとどくところにその鍋を置いてぽーの動きに目を光らせ、あ、後ずさり、と気づいた瞬間に取っ手をつかみ、後ろからお尻の下に差し出せばいい。宮本武蔵ばりの早業が必要だが。

最初の一回は、私のあまりの迫力にぽーがすっかり驚いてしまって、確かに後ずさりしたのに、うんちも忘れてすたこらと逃げていってしまった。これに反省し、静かに素

早く動くことを心がける。その結果、初めて成功したときは非常にうれしかった。鍋を拭《ぬぐ》って、トイレで洗い、いっちょ上がりである。たいへん清潔な対処法だ。

けれども、私もそんなに暇ではない。一日中そばで眺めていてぽーの後ずさりの瞬間を待つなどということができるわけもなく、このキャッチャーは結局三回しか使わなかった。三回成功した段階で、満足なのか諦めなのか、よくわからないけれども私の気がすんで、糞は気づいたら掃除する、というごく平凡なやり方でいくしかないという結論に達した。親子丼の鍋は燃えないゴミの日に出した。生産者の方には申し訳ない使い方であった。

ぽーは脚の爪でさかんに頭を掻く。顔も、目玉のすぐそばのあたりまで大変な勢いで音を立てて掻く。なにしろその爪が鋭いものだから、見ていて冷や冷やする。私も指の先でぽーの頭を掻いてやると、柔らかなうぶ毛の根元に、チクチクとした硬いものがたくさん生えているのがわかる。これが痒《かゆ》くて掻くのだろうか。チクチクと指に感じられるのは、新しく生えてこようとしている羽だ。翼も含め、ぽーの全身は、雛の時期から若鳥の時期への移行の真っただ中で、あちらでもこちらでも、うぶ毛が抜け、ちゃんとした羽が生えつつあった。

新しい羽は、驚くような仕組みで生えてくる。皮膚を突き破って生えてくるのは、ごく薄いプラスチックのような被膜（鞘《さや》という）にすっぽりとラップされた羽で、「筆毛」と呼ばれる。うまく名付けたもので、白くて細い軸から、羽の先が小筆の筆先のようにのぞいている。翼に筆毛が並んだ様子は、自然の妙としか言いようがない。

日に日に筆毛は伸びてきて、ぽーはあちこち首を回せるだけ回して、嘴《くちばし》の先を細かに使って鞘を剝がしていく。くちばしの届かない場所は爪を使う。ぽーがしばらくその作業に専念した場所には、細かな白い屑が無数に残ることになった。全身に生える羽をそうやって管理するのだからたいへんなことだが、飛ぶためになにより大切な羽の手入れは、趣味や遊びではなく、大事な仕事だろう。誰に習ったわけでもないのに、ぽーはせっせと仕事に励む。羽は着々と伸びていって、そしてぽーの飛び方も少しずつさまになってきた。

あこがれのカーテンレール

前にも書いたとおり、ぽーはいつだって少しでも高い場所に身をおくことを切望した。うちに来た初日から、床からソファやローテーブルには飛び上がることができた。その高さは四十センチ弱。しかし、四十センチという「標高」は若い冒険家のフクロウには決して満足のいくものではないらしく、そこに居ながらも次に高い場所を目で探しているのが、よくわかった。いろいろな挑戦と失敗を繰り返して、飛ぶ力を試し、鍛えていた。そのうちカーテンレールばかり見上げるようになった。

床からの高さは約二・二メートル。うちの居間には丸棒タイプの木製のカーテンレールが四ヶ所もついていて、まるで、フクロウの子のあこがれを掻き立てるために最初からそこにあるかに見える。棒の太さもちょうど脚爪のサイズに合っているようだし、ぽーがこれを見上げるようになったのはとても自然ななりゆきだった。三日ほど、ひたすら見上げる日を過ごした。

一気に飛んでもカーテンレールに届くはずもないのだが、とうとうある時、とりあえず手当たり次第に突き進むことを決意したらしい。まず食卓の椅子に上り、食卓に飛び移り、そこでどうしようもなくなって、ただレールを見上げた。「あーあ」という声が聞こえそうな姿だった。と、次の瞬間、横に置いた私の仕事机に移動し、本立ての上に立った。真上にあるカーテンレールまでは残り一メートルほどだが、その距離をほぼ垂直に飛び上がることはむずかしそうに見えた。

ぽーは思いがけない挑戦をした。思い切り飛び上がって、途中でカーテンにしがみついたのだ。羽をむちゃくちゃに使いながら、爪を立ててカーテンを握りしめ、なにがなんだかわからないうちに、とうとうカーテンレールの上に立つことができた。

ぽーは、レール上にじっと立って高度二・二メートルから新しい景色を見回していた。さぞいい景色だろう。新記録だ。私は慌ててその記念すべき姿をスマホで撮影したが、情けないピンぼけ写真だった。

ただ、意外なことにぽーはそれで満足したわけではなかった。レールの上を綱渡りのように伝って歩きはじめたのだ。カーテンを吊す丸い輪がたくさん掛かっていて不安定な上、表面がつるつるしていて、いかにも渡りにくそうだ。途中なんども滑ったり踏み外したりして無様な騒ぎを繰り返しながらも、かたときも休まずに前進を続け、とうとう端まで行った。だが、そこでも止まらなかった。数十センチ離れた南側の窓のカーテンレールの端を目がけて、部屋の角を斜めに突っきって飛んだのだ。ひるむことはなかった。

ぎりぎりで懸命に次のレールをつかんで飛び移っても、ぽーはまだ満足しない。長いレールの上をまた歩きはじめた。どうやら目指しているのは、その先に置かれた食器棚らしい。部屋でもっとも背の高い家具だ。気が急くのか、レールを伝う足取りがさらに怪しくなって、なんども大きくバランスを崩したが、とうとう食器棚の上に飛び乗った。

直後、予想もしなかったことが起きた。ぽーが大きな音をたてて嘴を打ち合わせたのだ。パッパッパッパッ！　初めて聞く音だった。威勢のいい、強そうな音だった。誇らしい縄張り宣言だろうか。ぽーは同時に翼を精一杯大きく広げて最大限に羽ばたき、じっとしていられない、というかのように、足でバタバタバタバタと食器棚の天板を踏みならした。喜びが、全身から一気にわあっとあふれ出した。

一瞬遅れて、私も盛大な拍手を贈った。

「ぽー、すごいよ！　よくやったね！」

褒めることと見ていること

私は日がな一日フクロウの子を眺めていたりもするが、仕事も持っている。

かつて私は、東京都大田区立石川台中学校で、昭和を代表する国語教師、大村はまの生徒だった。一年生の二学期に転入したので卒業まで二年半、わくわくしながら国語の勉強をした。うんと勉強して、私のことばは、あの教室で刷新された。

大村先生は、その後七十四歳まで一教師として教え続け、退職後も国語教育の研究を続けた。先生が老いを感じるようになった頃、大人になっていた私は先生の手伝いをするようになった。講演のお供として車椅子を押し、ずいぶんあちこち二人で旅したことが懐かしい。

大村はまの仕事を継承したいと願う人たちが集まって研究団体が作られ、それは先生の死後も名を変えて活動を続けていて、私はその事務局長ということになっている。長が付くのでちょっと偉そうだが、事務局員は私しかいないので偉くもなんともない。

ぽーが食器棚の上に到達して大騒ぎをしたとき、拍手をしながら、私はこの大村先生のことを鮮明に思い出していた。

「子どもは褒《ほ》めて育てろ」といろいろな人が言うけれども、大村はまは、容易なことでは褒めなかった。あんなに一生懸命に勉強したのに、私は二年半の間に三回しか褒められていない。そこそこできている、という程度のことでは先生は決して褒めなかった。むしろ難かしげな顔をしていた。

そのかわりに、褒めるときは、褒められた子どもがぱあっと頬を紅潮させるほどの熱意と誠実さをもって褒めてくれた。あれから四十年以上も経つというのに、私は褒められた三回それぞれの時のことを細部まで鮮明に記憶している。その光栄な気持ち、先生はこれをこんなに認めてくれたのだという確かな手ごたえ……。それが私を成長させた。振り返れば、先生が私を褒めた三回は、「これしかない」という三回であり、これを褒めずにどうする、という三回だった。褒めることの価値は高く、清潔に、保たれていた。百人を超える生徒の一人ひとりに、先生がそんなふうに接していたと思うと、ちょっと呆然とする。

でもぽーが食器棚を征服し喜びを爆発させたこの瞬間、わかったことがあった。小さなフクロウの子であっても、なにかを一心に目指すことがある。焦がれるような気持ちで高みを目指し、果敢に、力を振り絞って挑む。そしてとうとう目標を達成したとき、喜びがあふれ出る。そして、今この瞬間が褒める時だということは、その過程をじっと見ていれば、わかるもわからないもないくらい当然のことになる。

——大村先生は、一人ひとりの子どもを確かに見ていたんだ、だからこそ、あの瞬間にあの熱量で褒めることができた。先生自身も本当にうれしかったのだろう。「見ている」ということは、そのくらい大事なことだったんだ。褒められた喜びというのは、「ちゃんと見ていてもらった」という喜びでもあった。

ぽーが食器棚登頂を果たした直後、私は山形市で毎年行われていた国語教育の研究会に参加した。シンポジストとして大村教室についての話をしたが、自分の持ち時間が数分余ってしまい、ふっと思いついて、このフクロウの子の成長の喜びと大村先生の「見ている目」の話をした。後日、山形新聞に研究大会の記事が大きく掲載されたのを見ると、アンバランスなほどの紙幅をさいて、このぽーのエピソードが紹介されていた。一般の読者にも喜ばれる話だったからだろう。

というわけで、ぽーは、生後二ヶ月半で新聞に載った。

3　ぽー、どんどん成長する

アンクレットとジェスを付けよう

早くもぽーは雛ということばが似合わない存在になっていった。日に日に羽は伸び、体に力がつき、飛ぶ能力も育っていった。食器棚の上に行くのも、ずっと上手に簡単にできるようになり、ぽーはその場所がすっかり気に入って、長い昼寝をすることもあった。私の手の届かないところなので、物足りないような、寂しい思いを味わうようになったが、そこはぽーの領分なのだから、しかたがない。そっとしておくことにした。

「自然なフクロウ育て」は、寂しくてもやせ我慢をするのが原則だ。

成長ぶりをチェックしてもらうためにぽーをリトルズーに連れていくと、クニさんが、

「うん、順調だね。アンクレットとジェスを付けよう」と言った。

柔らかい革でできた二本のジェスを左右の脚輪に付けると、これを使ってどこかに係留できるようになる。ジェスを手のひらに握ることで、人は鳥をコントロールすることもできる。ジェスは飼い主にとって便利な道具で、扱いに慣れると、もうジェスなしでは鳥の体をどうやって持てばいいかわからないほどになる。だが裏返せば、ジェスを付けたことで鳥は自由を一部手放したことになる。

まだ幼い雛にジェスを付け、止まり木に結びつけたりすると、無謀な動きをして筋肉や関節を傷めてしまう危険がある。ぽーもジェス無しでうちに来たから、繋ぎ止めるすべもなかったし、自由気ままに過ごしてきた。けれどもこれからはずっと、ジェスを付けたままになるのだ。

「部屋で放し飼いにするのもいいけれども、家の中での事故は意外に多いんだよ。少なくとも、長い時間、外出する時とか夜寝ている間とかは、ファルコンブロックに繋いでおくほうが絶対いい。ずっと繋ぎっぱなしで飼う人もいるんだからね。」

クニさんがそう言うからには、そうしようと思う。気ままに過ごしてきたぽーにとって、その変化はどういうものであるか。安全が理由であるならば、繋ぐしかないか。

「ほんとうのことを言うと、ぽーを繋ぐことに、抵抗があるの。」

「その気持ちもわかるけれども、事故は起きてから後悔しても取り返しがつかないから。それからね、もともとフクロウは人が思っている以上にじっとしてるもんだよ。ずっと飛び回っているわけじゃない。繋がれてかわいそうと思うのは人間の感じ方で、フクロウは平気かもしれないでしょう。うちのフクロウたちも、ジェスを初めて付けたときはいやがることもあるけれども、すぐに慣れるから。」

ぽーは、真新しいカンガルー革のジェスを、しばらく突っついて気にしていたけれども、そのうち紛れたようだった。リトルズーのフクロウたちと横並びになって、店内の台に繋ぎ止められたぽーは、初めて幼稚園に入園して集団生活のルールに従うことになった幼児のようだった。

家でできる仕事が多いことは幸いだった。私が家にいる限り、ぽーはファルコンブロックに繋がれることもなく、相変わらず居間で好き勝手にしている。食器棚を征服した今、残っている処女地はエアコン室内機の上だけだったけれども、そこはいかんせん天井との隙間が十センチちょっと、ぽーがむりやり体を押し込んでも、不自然な「伏せ」しかできない。何回か試した後はあきらめたようだった。挑戦すべき目標が当面なくなったぽーは、カレンダーの写真に止まろうとしたり、壁に掛けた額の細い縁に止まろうとしたり、そういう無謀なことで遊んでいた。薄いレースのカーテンにも止まろうとして、しがみついた。十年以上前に買ったものなので繊維が弱っていたのだろう、食い込んだ爪の鋭さと体重に耐え切れなかった。カーテン生地を縦につうっと割きながらぽーがゆっくり降下していったのは、面白かった。もちろん、損害を被ったわけだけれども。

そうやっていたずらをするほかは、あいかわらずじっと立ってあたりを見回すか、アヒル寝をするかである。あまりにも静かで、ぽーがいることをふと忘れる時間も多かった。そういう時は、なんだかちょっと損をしているような気がする。

庭デビュー

ある日、あまりさわやかな天気なので、ファルコンブロックを庭に出して、ぽーを外で繋いでみることにした。小さい庭だが青い空が頭上に広がっているだけで気持ちいいだろう。私はそう思ったのだが、ぽーは、特段はしゃいでいるような様子でもなくて、いくらか緊張したように体を固めて、ただじっと立ってなんとなくあたりを見回していた。

ぽーが静かに立っているのに対して、ほかの鳥たちの反応が大きかったことには驚いた。

うちの小さな庭は、いろいろな植物が過密と言っていい状態で茂っている。殺虫剤を使わないから虫もいるし、冬にはパン屑や甘い果物を用意して野鳥を歓待しているので、鳥たちは頻繁《ひんぱん》に立ち寄ってくれる。首都圏の住宅地の真ん中であっても、この近所で見

フクロウの目

フクロウは夜行性だから日中はまぶしすぎて目が見えないだろう、と思われがちだが、実際には昼間もよく見えている。平らな顔の正面に両目がついているため、人間同様、かなりの範囲を立体視することができる。それによって見つけた獲物との距離感を正確につかみ、狩りをする。

他の多くの鳥は、先端の嘴に向けて細くなる顔の両側に目がついていて、右側は右目が、左側は左目が広くとらえる。それに比べると正面に両目があるフクロウの視野は狭く、およそ一一〇度。人間の約一七〇度という視野よりもさらに狭い。また、フクロウの眼球は、人間とは違い固定されていて動かすことができない。それで周りを見るには首ごと動かす必要がある。

ほとんどの哺乳類の首の骨、頸椎が七個であるのに対し、フクロウは一二〜一四個あり、それを柔軟に動かして首を回し、あたりを見回すのだ。左右にそれぞれ二七〇度回転できる。真後ろよりさらに向こう側を向けるのだ。顔がこちらを向いているからといって、体はどこを向いているのか、わからないということも多い。

かけたことのある野鳥は、スズメやカラスだけではない。メジロ、シジュウカラ、ウグイス、ツグミ、ムクドリ、ヒヨドリ、オナガ、ジョウビタキ、モズ、カワラヒワ、ハクセキレイ、小さなキツツキであるコゲラなど、少なくない。十数年前までは、近くの低湿地でコサギ、カモ、キジ、コジュケイ、オオヨシキリなども見かけたものだ。庭で囀《さえず》る野鳥を、窓から双眼鏡でそっと眺めることは、家で仕事をすることの多い私には楽しみの一つだった。

ところが、ぽーが庭先にデビューするやいなや、スズメやシジュウカラは驚くべき早業で姿を消した。気の強いヒヨドリが数羽、ピイヤピイヤとたいへんな勢いで鳴きかわし、カラスが二羽、電柱の上からしゃがれ声で威嚇してきた。鳥の声だけであたりは異様なうるささになった。隣の奥さんが、洗濯物を干しながらその騒音に気づいて、庭にいる私に、

「なんだか気味悪いですね、あんなに鳥が騒いで。大きな地震でも来るのかしら。怖いわ。」

と言ったので、

「すみません。うちのフクロウのせいなんです。初めて庭に出して繋いだので、びっくりした鳥が騒いでいるんです。」

と謝った。猛禽類《もうきんるい》であるフクロウは、ほかの鳥にとってそれだけ脅威なのだ。けれども当のぽーは、しごくおっとりしたもので、目立った反応もせずに静かにしている。人間の手元で生まれ育ったために、自然な反応が生まれてこないのだとしたら、不憫なような気もする。

庭は道路に面しているので、道を歩く人からもぽーは見える。なにげなくこちらを見て、ぽーを発見した人の仰天するさまは、愉快だ。とりあえず立ち止まって、いぶかしげな顔で確かめるようにしばし眺め、確かにフクロウの子だと納得すると、信じられないものを見た、というふうに頭を振り、そしてにっこりと喜んでくれたりする。私がそばにいることに気づき、

「フクロウですよね？　飼ってるんですか？　へえ、フクロウなんだ。名前は？」

などと聞いてくる。

自転車の後ろのチャイルドシートに座った三歳くらいの女の子が、通りがかりに気づいて、

「ねえ、ママ、フクロウだよ。」

と言ったのを、前を見て自転車をこぎながら母親が、

「フクロウなんていないでしょ。カラスだよ。」

と返事したことがあった。追いかけて行って、女の子に、

「フクロウいたよね。見たんだよね。」

と言ってやりたくなったものだった。このようにかなり幼い子どもまで、フクロウという生き物を知っていて、ぽーを見るとちゃんとフクロウだとわかるのには驚いた。めったに接することのない生き物であるわりには、かなり広く認知されている。

うちにフクロウがいることは、少しずつ知られるようになって、ぽーが居間の窓辺に立って外を眺めていると、通りがかりの人が気づいて、「ぽーちゃん、ぽーちゃん！おはよう」などと声をかけていくこともあった。そういう時、私はカーテンの陰に隠れてじっとしていることが多い。私は余計な存在のような気がするのだ。

散歩（据え回し）に行く

私の留守中や就寝中にはファルコンブロックに繋ぐようになったが、ぽーは思っていたよりはすんなりとその待遇にも慣れたようで、ほっとした。朝、二階の寝室から私がおりていくと、階段の途中でもうその気配に気づいてぴぃぴぃと鳴きはじめる。おはようと言いながら、繋いでいたロープをほどくと、ぽーは待ちかねたようにブロックから飛び出し、部屋の中をあっちへこっちへと飛行する。フクロウは無音で飛ぶというのが

有名だが、まだまだ幼いぽーは、余裕がないせいだろう、フクロウらしからぬ大げさな音を立てて、一生懸命に飛ぶ。そのむきになったような様子を見ると、繋ぐのがまたふっとかわいそうになってくる。

けれども、繋ぐことで可能になることもある。散歩だ。「据え回し」という。

鷹匠の革手袋を左手にはめ、左肘を直角に曲げて、ぽーを腕に立たせる。初日、いざ意気込んで出かけてみると、家から五メートルも離れないうちに、ちょっとした物音や動きにぽーが怯《おび》えバタバタと騒いでしまい、あっけなく最初の据え回しは終了となった。家の中でも据える練習をしながら、気長に散歩の距離を伸ばしていった。

徐々に外に慣れてきても、やはり音には敏感で、特に急に接近してくる物音は怖いようだ。バイクや自転車、犬猫が走ってくるのが苦手だ。自動車くらい大きくなると、かえって怖がらないからおかしい。怯えてバタつくときは、声を掛けてやればいいのもわかってきた。私が、落ち着いた声を出して、「ぽー、大丈夫だよ」と言うと、少し安心するようだ。私の声がぽーの安心につながるというのは、うれしいことだった。据え回しをすると飼い主と鳥の関係が深まるというが、どうやらほんとうのことらしい。

腕や肩にフクロウを止まらせて歩いていると、海賊の船長がオウムをそうやって連れていたなあ、と、どこかで見た絵が思い浮かぶ。すると自分も海賊の船長になったような気がして、威勢のいいような、無頼《ぶらい》のような心持ちになる。いやいや、案外船長は寂しがりで、手下もどこか信用がおけないし、それで心を許せる相手としてオウムを連れていたのかなあ、などと思ったりもする。

フクロウを連れての散歩は、この穏やかな小さな町では目立つらしく、向こうから走ってくる車の運転手が気づいて、首をこちらに回してゆっくり眺めながら通りすぎていき、それにつれて、後続車も徐行して見物するものだから、ちょっとした渋滞が起きたこともある。窓を閉じた車の中から、口の形だけで、「フクロウ？」と聞いてくるので私も無音で「そう」と答えたりする。そしてへらへら笑って頭を下げ、「そうなんです、フクロウなんですよ、お騒がせします」と心の中で言う。

もちろん歩いてすれ違う人も、気がつくとハッとして立ち止まったりする。「触らせてもらってもいいですか？」と声を掛けてきてこわごわ頭をなで、「おお、生まれて初めてフクロウをなでた」と喜んでくれることもある。一度で名前を覚えて、会うたびに「ぽーちゃん、お散歩かい？」などと声を掛けてくれたりもする。その一方で、鳥が怖い人などは、驚いてはっと飛び退くこともあるから、こちらが気をつけなければならない。

カラスに威嚇されることもよくある。ぽーに気づくと、カラスは電柱の上から姿勢を低くしてじっと見下ろし、いかにも不穏な大きな声でカアカアカアと鳴く。私が歩くのにつれ、頭上をかすめてヒューッと飛んでいき、次の電柱に止まってこちらの様子を探る。電柱から電柱へと、その繰り返しだ。カラスにそばを飛ばれると、大きい翼も嘴《くちばし》もかなり恐ろしい。いつかその頑丈そうな嘴で頭を突つかれるのではないかと思うと、冷や冷やして、走って逃げたくなる。私が怖がっているというのに、ぽーは相変わらず気にしている様子がないのが奇妙なところだ。

そういうこともあって、散歩は人もカラスも少ない夕暮れ時にするようになった。

ある夕暮れ、公園の横の道を歩いていたときのことだ。大木がよく茂り、昼間でも薄暗い静かな道をぽーと歩いていると、後ろから重低音を轟《とどろ》かせてバイクが接近してきた。ぽーは一番苦手なものが来たわけだから、しがみついて怯え、パタパタッと腕から肩の上へ飛び移った。その方がほんのいくらかでも安心らしい。私の頭にぴたりと身を寄せる。

バイクの重低音はあたりを圧し、「ぽー、大丈夫、大丈夫だからね」と言うものの、怖い気持ちはよくわかる。バイクはすぐ後ろまで来ると急にスピードを落とした。横を不気味な最徐行で通っていくと、数メートル先できゅっとUターンして、戻ってきた。

あたりはすっかり暗くなってきている。ライダージャケットのお兄さんはバイクを傾けて立ち、フルフェイスのヘルメットをおもむろに脱いだ。バイク乗りのお兄さんと五十代のおばさんの間に、これからどういう会話があり得るのだろう。あまりいい想像は浮かばない。ぽーの爪が私の肩の肉をぎゅっとつかむ。

聞こえてきたお兄さんのしゃがれ声は、思ったよりもずっと優しかった。

「それって、あのお、フクロウっすよねえ？」

「あ！　ええ、そう。フクロウの子どもなの。」

「やっぱりそうなんだ。かわいいっすねえ。フクロウかあ。」

お兄さんは薄暗がりの中でじっとぽーを見て、ひとこと「どうも」と言って走り去っていった。

ぽーは、なかなかの人気者なのだ。

八メートルの飛翔

毎日ウズラを一羽ほど食べ、排泄し、よく眠りよく遊び、丹念に羽づくろいをしていれば、自然に成長していくものだ、という節理には驚かずにいられない。私はフクロウの子育てなどしたこともなく、翼の仕組みも羽づくろいの方法も、もちろん飛ぶという技もなにも知らないというのに、ぽーはまったく独力で定められた道筋をちゃんとたどって、成長を遂げている。飛ぶ力もしっかりと育っているのがわかる。

我が家の居間は、長い辺が八メートルほどあって、ぽーにはちょうどいい練習コースだった。両側の壁にカーテンレールがあって、一気にその間の距離を飛べるようになってからは、新米のパイロットのように熱心に離着陸を繰り返した。

よし飛ぶぞ、と決めると(その決意のようなものを、私はわかるようになっていた)、計八本の爪でつかんでいたレールを、力を込めて瞬時に蹴り出し、ぽーは空中に身を投げ出す。脚は後方に流してゆびをすぼめ、平らな顔が空気をかき分けて先頭に来る。一気に広げた翼を、最初の三、四度は力一杯に羽ばたかせて、空気に乗る。私はその姿を正面から見るのが好きだ。ぽーは、その時、「真剣」としかいいようのない顔をしている。真ん丸な目を最大限に見開いて、ひたっと目指す場所を見据え、瞬《まばた》きもせず一生懸命に飛ぶ。フクロウの顔など、表情の違いも何もないだろう、と人は思うだろうが、見ていればわかる。飛んでいるぽーの顔は真剣で、夢中だ。飛行ルート上に立っている私に目もくれず、頭上をかすめ、ぽーはまっしぐらに飛んでいく。

たった八メートルだから、あっという間に向こう側のカーテンレールが迫る。そのまま行くと激突ということになってしまう。だから着陸態勢に入る飛行機のフラップのように、ぽーは最後の一、二度の羽ばたきでちゃんと羽の角度を調整して、ブレーキをかける。そして後ろに投げ出していた脚を前へ差し伸べてゆびを思い切り広げ、体のどこよりも先に目的地に着けて、がしりと間違いなくレールをつかむ。翼が一瞬にして音もなくたたまれて、胴体脇の収まるべき位置に収まる。たたみ損ねたことなどない。すべてが見事だ。

ぽーが、そこそこの大きさの体を持っていたのは、うれしいことだった。ついこの前まで雛だったというのに、翼を広げると六十センチほどもある。私の好きな真剣な目玉も、直径二センチはある。小鳥だったら、こんなふうに動作や表情を見極めることはできなかっただろう。日々眺めているうちに、私の動体視力もよくなっていったのか、その動きがさらに細かく目に映るようになってきた。一本一本の風切り羽が空気をとらえているのも、わかるように思う。私は伊藤若冲の描く迫真の花鳥や動物の絵が好きだが、若冲も鶏をたくさん飼って、飽くことなく眺めていたという。ひょっとするとそのうち私もフクロウの絵が描けるようになるかもしれない。

翼の羽の次に、目立って伸びたのは尾羽だった。新しい持ち物になった尾羽を、ぽーはとりわけ丁寧に嘴で梳《す》いて、大事にした。十分な長さに揃った尾羽一式は、ぽーの飛行術に大きな変化をもたらしたようだった。着陸前、扇のように広げた尾羽は斜め下に角度を変え、ブレーキをかけると同時に体を安定させ、揚力《ようりょく》も確保してくれるように見える。そんなに複雑な体の使い方を、いったい誰に習ったの、と私は聞いてみたくなる。本能というものの巧みさ、確かさは驚くほかない。

ハンティング遊び

生き物の本能はいろいろな形で出てくるものだ。ぽーの場合、たとえば、小さな物音や動きを敏感に察知する力。森の暮らしで、草むらに潜む小動物や虫などを、ぽーの先祖たちは捕っていたに違いなく、ぽー自身は私の用意したウズラ肉を食べるばかりなのに、物陰でちょろちょろっと何かが動くと反応せずにはいられない。

たとえば、広げた新聞紙の下で私がこっそり指を動かしたりすると、ぽーは一瞬にして反応し集中し、方向を見定め、カーテンレールからひとっ飛びにダイブして、新聞紙ごとあやしい何かにがしっと摑みかかる。ここで、新聞紙の下から私の手を引っ込めるのが間に合わないと、かなり痛い目にあう。容易には放してもらえなくて、「ごめんごめん、私の指だよ」と謝りながら、脚爪を一本一本外していくようなことになる。大型のフクロウだったら、流血事故になるだろうから、こんな遊びは考えられないだろう。それで間に合うように手を引っ込めると、ぽーにとっては空振りということになる。新聞紙ばかりを握りしめ、あれ、あれ、何もない、とジャンプしながら紙面のあちこちを探索し、摑みかかるので、哀れ新聞紙はぐしゃぐしゃにされてしまう。

　この疑似ハンティングは、疑似であるとわかっても面白いらしく、ぽーは、テーブルの上に置いてあるだけの「おとなしい」新聞紙やコピー用紙などにも挑みかかったりする。カーテンレールやテレビの上などから飛びつくと、斜めの力が加わり、紙がサーフボードの役目をして、ぽーがテーブルの上をつうっとなめらかに滑っていくことがある。テーブルの端に達すると、紙は床に落ち、ぽーは離陸する。これは、きっととても面白いに違いなく、できるなら私もやってみたいと思うことの一つだ。

もっとぽーを興奮させる遊びがある。私がソファに背を預け、体に毛布やタオルケットを掛け、その下で手先、足先をちょちょっと動かすのだ。ぽーのハンターとしてのスイッチが入る。毛布やタオルケットは、新聞紙よりもボリュームがあるから、私の手足もうまい具合に守られて、ぽーの攻撃を受けながらも持ちこたえることができる。布の下で、あっちにこっちに手足の位置を変え、「逃げ回る」と、ぽーは夢中になって挑戦してくる。ここか？　ここか？　と脚で探りを入れたりもする。うっかり私がつま先を毛布の端から出そうものなら、あ！　見っけ！　とばかりに捕獲され、思わずひゃあと声が出るほど痛い思いをする。人間の足の指はなんだか小さい虫のように見えるのか、裸足でいるとぽーの凝視を感じることがある。たまに毛布の下で私のお腹がキュウと鳴ると、ぽーは、はて、不思議な生き物がいるらしいぞ、と見降ろし、私のお腹の上で気がすむまで穴を掘ろうと頑張る。

実際に生きた獲物を捕ったことのないぽーであっても、こういう狩りの本能は消えることはないのだろう。特にお腹がすいてくると、そうやって何かに挑みかかるようなことをする。もちろん狩りのつもりだから、ふわっと着地するはずもない。翼は広げるがほとんど羽ばたかず、体重と重力にものを言わせてどさっと降りる。その姿はなかなか堂々たるものだけれども、せっかく美しく生えそろった尾羽には乱暴が過ぎた。羽軸が

フクロウの狩り

フクロウの夜間の狩りを助けるのは、優れた視力と聴力だ。顔の両側の、羽毛に隠れた位置、左右非対称に耳があり、音の聞こえ方の違いを感知することで正確に音源を特定することができる。深い雪の下を走るネズミをフクロウが探し当て捕獲する様子は、テレビ番組でもよく紹介されている。

フクロウは狩りをする際、その強靭な脚とかぎ爪で獲物を捕らえ、しとめる。あしゆびは他の多くの鳥同様四本だが、多くの鳥が前に三本、後ろに一本のあしゆびがあるのに対し、フクロウは、一番外側のあしゆびを前にも後ろにももってくることができる（可変対《かへんたい》趾足《しそく》）。樹に止まっているときや獲物を捕まえるときなど、何かを摑む必要があるときには前に二本、後ろに二本あしゆびをもってくる。それによって強靭な握力を発揮しているのだ。

折れてしまうと治ることはなく、尾羽はだんだんと惨めな状態になっていった。抜けてしまうわけではないけれども、折れた先は取れてしまい、どんどん短くなっていった。生後最初の尾羽は、まだ強さが足りないので、折れやすいのだそうだ。飛行にも役立つ大事な尾羽だというのに、後ろから見ると、スカートの短すぎる女の子のようなお尻になってしまった。

アクオスがお気に入り

かなりぼろぼろになったとはいえ尾羽のセットがお尻にあり、翼の羽もしっかりと伸びた今、ぽーは平面に立つのが難しくなった。平面だと翼の先や尾羽が床につっかえ、前傾姿勢を取るしかないのだ。これはかなりいやな姿勢らしく、ぽーは後ろがつっかえない場所を選んで止まるようになった。

もともと好きだったカーテンレールはこの点でも恰好で、次いで液晶テレビの上がお気に入りになった。シャープのアクオスも、気の毒にフクロウの止まり木にされてしまった。聞くと、文鳥やインコを飼っている人が、鳥を籠から出して自由に遊ばせてやると、テレビに止まることが多いようだ。それから、炊飯器、湯わかしポット、と続くらしい。共通点はやんわりとした熱だ。どうも鳥は寒がりが多いのかもしれない。

などと澄ましたことを言ってはいられない。鳥は止まり木で糞をする。その糞が電気製品に落ちていいのか？　いいはずがない。それで、うちのアクオスは、裏面に新聞紙を垂らし、テープで止めつけて、糞害から守るようにした。ぽーは澄ましてアクオスに止まって、糞をするばかりか、縁のプラスチックに嘴をしつこくこすりつけて、食後のお手入れもする。本当にシャープの人には申し訳ない。スタイリッシュな製品がまさかこんな目にあっているとは想像もしていないことだろう。

でも、一方ではありがたいこともあった。徐々に糞をする場所が限られてきたのだ。長くいる場所、そして糞をする態勢を取ることができる場所。その筆頭がアクオスで、次いでファルコンブロックの上ということになった。そこに新聞紙を敷いておけば、新聞紙ごと丸めて捨てればいい。糞の始末が簡単にできるようになったわけだ。

長居しているカーテンレールでは糞はしないのか？　しづらいのだ。レールは壁から十センチも離れていない。ぽーは糞をするときに、お尻を後ろに突き出すような姿勢をとるのだが、十センチではそれができないのだった。幸運だった。壁との間隔がもうちょっと広々していたら、ぽーは部屋のカーテンレール総延長十メートルの、どの地点にでも止まって糞をしただろうし、それに対応することは困難だったに違いない。

糞をしやすい場所が限られてきたことに加え、排泄の間隔が開いてきたことも、私を安心させた。雛の時期が終わるにつれ、最初は三十分おきくらいに糞をしていたのが、優に二、三時間はしないようになった。この本を書いている今、ぽーは三歳になったが、特に深く眠って過ごす午後など、七時間も糞をしないこともある。糞問題はぐっと楽になったのだ。

家族が増えて

夏休みが来て、夫も娘もイギリスから戻ってきた。しばらくは人間三人とフクロウ一羽の暮らしとなる。見慣れない家族を迎え、ぽーはすぐさま警戒態勢に入り、私にさえあまり寄り付かず、高いところに止まって孤独に過ごすようになった。しいんとしている。なにかと用心深い夫はその距離感にほっとしたようで、こわごわとぽーを眺めている。一方、ぽーとの暮らしを楽しみに帰国した娘はがっかりした。

十数年前、犬を飼いはじめた時のことを思い出す。娘は小学校五年生で、それまでは金魚や鈴虫、カブトムシくらいしか飼ったことがなかった。子犬を迎えることが決まると、さまざまなかわいらしい光景を思い描いてその到着を待った。学校から帰って玄関を開けると、子犬がすっ飛んで迎えにくる。遊ぼう遊ぼうとしつこいくらいにまとわりついて、遊び疲れたら抱きかかえて一緒に昼寝する、というような。しかしいざ飼いはじめると、子犬は娘を飼い主とは認めず、それどころか、下に見て、時に軽く扱い、時にいじめたのだった。

「ランちゃんてさ、わたしのこと、あんまり好きじゃないみたい」

と娘が早々に気づいたのは、気の毒なことだった。

「おかあさーん、ランちゃんが噛むー！」

と訴えながら、助けを求めてびっこを引き引きやって来る娘のジーンズの裾には、子犬が噛みついたまま引きずられていた。何本のパンツに噛み跡を残したか、わからない。犬は集団での順位を自分で決める。この子犬は、わが家での第三位という位置を、娘と争い、実力で奪う気満々だったのだ。この闘争は、娘の背がぐんと伸びてきた一年後に決着がついた。といっても、娘の三位、犬の四位が確定したというよりも、犬が娘を「まあ同等」という程度に認めたに過ぎなかったかもしれない（夫と私、どちらが一位でどちらが二位だったか、という問題に関しては、ここでは触れないことにしよう。それが平和のためだ）。

犬はもともと社会的な動物で、集団での生活をするからこそ、力関係に敏感だ。でも、ぽーはちょっとわけが違う。ウラルフクロウにしても、モリフクロウにしても、巣立った雛は親とは別のテリトリーで生活するし、繁殖期が過ぎればオスもメスも分かれていく。孤独な生き物なのだ。そういうぽーとどうやって暮らすか、それは時間をかけてお互いに探っていくしかないことに違いない。

「ぽーは、犬じゃないんだから、名前を呼んでも喜んで飛んできたりしないし、褒められたくて芸をしたりもしないよ。ぽーの魅力はそういうところじゃないの。まあ、ゆっくり付き合ってください。」

私は夫や娘にそう説明して、持久戦に入った。

うんち事件

ある日、娘に留守番を頼んで外出したら、携帯電話が鳴った。家からだ。何気なく出ると、

「おかあさんっ！」

という娘の声が聞こえてきたが、それはかなりまずい調子の「おかあさんっ」だった。こういう切実な声で娘が「おかあさんっ」と言ったら、第一級の警戒警報発令だ。

「どうした?」

「ぽーちゃんが、カーテンレールの上でうんちをしちゃって!」

「へえ、珍しい。一度もレールではしたことがないのになあ。いいよ、おかあさんが帰ってから始末するから、そのままにしておいて。」

カーテンレールであれ、どこであれ、うんちのことでこんな声を出すようでは、娘もまだまだ未熟者だなあ、と私は少しがっかりした。すると、私の声にかぶせるように、娘の余裕のない声が響いてきた。

「違うの! うんちが、たぶんテレビの後ろのコンセントに垂れて、それでなんか、ジイジイって音がする! たぶんショートしてるんだと思う! ああ、なんだか焦げくさいにおいもする! どうしよう!」

「テレビのコンセントって、テレビ台の奥にあるよね。そこが見えてる?」

「ぎりぎり見えない。隙間が狭くて手も入れられないから、テレビ台を動かそうとしたけど、重すぎて、ぜんぜん動かないの。どうしよう! 火事になる! まだジイジイい続けてる!」

口が乾いてきた。どうする?

「……そうだ、電源を落とそう。ブレーカーって知ってるよね? 洗面所のドアの上にずらっとスイッチがならんでいるの。すぐに行って、居間と書いてあるブレーカーだけ、切ってきて。さ、今すぐやって！　高いところにあるから椅子を持っていくんだよ！」

携帯電話の向こうから、どたばたと駆け回る音が聞こえ、やがて静かになった。

「おかあさん、終わった。」

「ブレーカー落として、変化あった？」

「うん、もう音もしない。焦げくさいけど、さっきほどじゃないし。」

「ああ、よかった。」

「死ぬほど焦った……」

娘がパニックを起こしてテレビ台と格闘していた間、ぽーは、真上のカーテンレールに止まったまま、実に興味深そうに下を見降ろし、ジイジイと鳴っている音源を探し、娘の動きを観察していたらしい。

カーテンレールは糞をする態勢を取るには不都合なので、そこではしないと思っていたが、それは「絶対しない」「できない」というわけではなかった。排泄の間隔があくようになったからこそ、差し迫ったらどこでもするということだろう。恐ろしいから、コンセントの上にはカバーをして回った。フクロウの糞が原因の火事など、決してあってはならない。

そんなこともあったけれども、娘はぽーとの距離を縮めることに成功して、夕方の据え回しにも出かけるようになった。若い女の子が腕にフクロウを止まらせて歩く姿はなかなか勇壮で、かっこいいものだった。娘がピアノを弾いていると、ぽーが、立てた楽譜の上に止まるという離れ業をしたこともあって、私は喜んで写真を撮った。楽譜の厚みなど一センチもないほどで、不安定きわまりないのに、ぽーはしがみつくようにして立ち、鍵盤を走る指をいかにも面白そうに眺め下ろしていた。よく動く器用な指が、餌にちょうどいい虫のようにでも見えるのか。いや、音楽好きのフクロウということにしておこう。

4 ロスト

リトルズーには、二週に一度は行ってウズラを買い求め、情報交換をしたりする。特に、春のあの日、同じ段ボールの中にいた「小さいほうの子」は、いっとき、きょうだいと信じていただけに、つながりは強く感じられた。いわば「箱きょうだい」だ。今では、町田さんの家で小豆ちゃんという名をもらって、それはそれはかわいがられている。購入主はパパかもしれないし、世話はママがするのかもしれないが、高校生の一人娘さんこそが飼い主だと思われる。小豆ちゃんはリトルズーに来ていても、娘さんの肩やら頭やらに乗っかって、彼女のそばにさえいればそこは家であるかのように、すっかり安心して見える。この町田さん一家とは「餌、どれくらい食べる?」「体重、いまどのくらい?」「夜、騒ぐことない?」「ジェスって、どのくらいで付け替える?」などと、まるで幼稚園のママ同士のような会話をする。フクロウを飼っている人が決して多くない中で、この仲間の存在は心強い。

町田ママは、大学で理系の勉強をした人で、理系の頭と実行力を持っている。その良い例が、餌の記録だ。毎日欠かさず、小豆ちゃんの体重、餌の量（ウズラ、マウスなど種類別に食べる前と食べ残しの重さを量って、差から食べた量を知る）、気温を記録し、月末には折れ線グラフにしてまとめ、フェイスブックにその記録をあげている。一方、国文科卒の私は、餌やりの時も「もう満足したらしいな」「もっと食べたいのかな」「今日はずいぶん食べたなあ。ここのところ、やけに食欲が旺盛だ」などと、あくまで主観的な（いい加減な）とらえ方しかしていないので、町田ママの記録を見ると、圧倒される。ぽーの体重測定も、十日に一度くらいしかしない。

動物の体調管理でまず基本になるのは、体重と餌の量だから、それを記録することは大事に決まっているのだ。そういうことを毎日きちんとやっていけない私は肩身が狭いが、言い訳がないわけでもない。理系的な訓練のできていない私は、細かくデータをとると、それを冷静に扱うことが難しい。いちいち変なプレッシャーを感じ、多いと驚き、少ないと心配し、心を揺らせてしまう。それがしんどくて、結局データをとらなくなる。淡々とデータをとり大事にするという態度は、理系の勉強で得るべき大事な資質なのだろう。せめて私は主観的な観察を丁寧にすることを目標にしていこうか。

ロスト

ある日リトルズーで、仲間が暗い顔をすることばがささやかれた。「ロスト」だ。

この店で、みんなが心を暗くする話題は、まずなんといっても、動物たちの病と死だ。それは、生き物を愛する仲間たちがいとも陽気に呑気に週末を過ごすカフェの空気の中に、いつも一定量、ほんの少し漂っている苦味だ。あまりに苦く、そしていつか必ず訪れるものだとみんながよくよくわかっているからこそ、そっと、気をつけて扱う話題なのだ。

そして、「ロスト」はそれに匹敵する恐怖だ。大事な鳥がどこかへ飛んでいって帰ってこないこと。失ってしまうこと。

梅雨が終わった頃、リトルズーでこのロストが小声で話題になった。ぽーや小豆ちゃんと同じこの春生まれのモリフクロウが、ちょっとした隙に姿を消してしまったらしい。飼い主の柳沢さんはそれまでリトルズーとの付き合いはなかったけれども、必死に探すうちに、この店とその常連客に協力を頼むことにしたのだ。生後まだ四ヶ月。自力で獲物を捕ったこともない。いや、それ以前に、生きているものを食べたことすらないし、何が食べられるか、それも知らないだろう。そのフクロウの子を、ロストしたというのだ。

マスターのクニさんが、渋い顔で私たちに言った。

「飼い主さん、必死で探しているし、小豆ちゃんやぽーちゃんと同じ、この春生まれのモリだからさ、気をつけていてあげて。カラスに追われて移動するのが心配だけど、まだ遠くには行ってないと思う。もし見かけたらすぐに連絡ちょうだい。」

「わかりました。気をつけておくね。かわいそうに何が起きていなくなっちゃったんだろう。」

「いや、それは気の毒すぎて、とても聞けなかったよ。」

気の毒すぎて聞けない、ということとってあるよなあ、と私は思った。

柳沢さんちのフクロウ

少し長くなるが、柳沢さんちのフクロウの話を書こう。

柳沢さん夫妻は隣町の船橋で、魚料理が美味しいと評判のレストラン「縁《えん》」を営んでいる。ご主人は昔からちょっと変わった生き物が好きで好きで、好きなあまり手元で飼ってみたくなるという性癖があって、奥さんは苦労してきた。ある日、酔った勢いでイグアナのつがいを買って帰ってきて、即座に「ペットショップに返してきて！　返さないなら、私が出ていく！」と奥さんに迫られ、すごすご返した、という逸話を持つ。

数年前、このご主人が鷹に魅せられて、ぜひ手元で育てたいと考え、茨城のペット屋まで出かけた。せっかく行ったがそこで「鷹は住宅地で飼うには、鳴き声のこととか、糞の始末のことで難しい点がある。そこいくとフクロウはいいよ」ってことになり、これまたその場で惚れ込んで、一羽のスピックスオウルを連れて帰った。

そのスピックスオウルは、既にそこそこ大きくなっていて、「人によーく慣れている」と言われて連れて帰ったというのに、警戒心丸出しで、猫みたいに体をふうと膨らませて威嚇《いかく》し、奥さんを睨みつけるばかり。奥さんはまたしても突然現れた動物にあきれ返って、「返してきて！　返さないなら……」となった。微塵《みじん》もかわいいとは思えなかった。困ったご主人がペット屋に伝えると、「じゃ、雛から飼えばいい」となって、警戒心丸出しの子は戻され、代わりに一羽の、生後たった二週間のインドオオコノハズクの雛が届いたのだった。それが二〇〇九年のこと。世の中に、フクロウカフェなどまだ一軒もなかった頃のことだった。

ティーカップに入るほど小さい、綿毛がそっと寄り集まっただけというような姿の雛を見た奥さんは、魔法にかかったように、たった一目で心を惹かれた。あれはどうしたことだろう、と本人は今もその変化を不思議がる。そのくらい唐突に、インドオオコノハズクの雛は夫妻の心をつかんだ。コノハと名付けられた。

フクロウを飼う経験のなかった二人が生後二週目の雛を無事に育てあげたのは、精いっぱいの心遣いで大事にした上に、更に幸運も重なってのことだろう。夫妻の思いを受け止めるようにして、コノハは一家の大事な一員となった。

深夜、二人が店から帰宅すると、コノハは必ず飛んできて肩に止まり、ひとしきり頬をやさしく突ついた。半日ぶりの餌をもらうと、自分で食べるより先に「どうぞ」とばかりに奥さんの口元に差し出した。受けとって、もぐもぐ食べたふりをするとコノハは満足するのだった。

つらい出来事が起きた。コノハのくちばしの横に腫瘍ができ、なんとか切除はできたものの神経が傷ついたらしい。くちばしが開かなくなり、餌を食べることさえままならなくなってしまった。ほんのわずかな隙間から、細かく切った肉を入れてやると、懸命に食べてくれて、その姿がまた夫妻を涙させた。病との闘いは一年に及んだが、いよいよ弱っていくのがはっきりとわかった。それでもなんとか餌を口に入れてやると、コノハも必死で飲み込もうとする。そういう日が続き、あんまり痛々しくて、とうとうご主人が、「もうがんばらなくていいよ」と言ったその日から、食べなくなった。

　そうなると、小さな生き物はあっという間に力が尽きる。店を開けないわけにはいかないから、夫妻は重い心で家を出る。今日が最後の日ではないか。自分たちが帰ってくるまでに小さな命は消えてしまうのではないか……。奥さんは、一生懸命に笑顔で接客しながらも、心ここにあらずで、ある日とうとうお客の波が引いてくると閉店を待たずに店を飛び出して家に帰った。おそるおそる見ると、コノハはすでに止まり木から落ちて、冷たくなっていた。こそりとも動かなかった。

　この日から、夫妻は喪失感に押しつぶされて、笑顔で客をもてなすことが必要な家業を恨めしく思うほど、打ちひしがれて過ごした。コノハにまつわる小さなことを思い出すたびに泣くものだから、それがつらくて、家じゅうを繰り返し掃除して、ささやかな痕跡さえ消した。綿毛の一本さえ残らないほど、掃除をしつくしたけれども、悲しみはいっこうに消えなかった。楽しみで集めたフクロウグッズが家のあちこちにあるのが、かえって心を重くする。

　こんな気持ちで暮らすのはつらすぎる、なんとかしなければだめになる、と考えた時に、夫妻はとうとう、もう一度フクロウの雛を育てようと考えた。コノハの死から半年が経っていた。そして迎え入れたのが、モリフクロウの雛だった。モコタンと名付けて、掌中の珠のように大事に育てた。うぶ毛の中からつんつんと羽が生え、日一日と翼がしっかりしてきて、飛べるようになる、その成長を見守る喜びは著者も味わったばかりである。柳沢一家にまた光が戻った。それがこの春のこと。もう少ししたら、店にデビューさせられるね、という会話が交わされていた。

モコタン失踪

そして生後四ヶ月半を迎えた七月十六日。蒸し暑かったこの日、自宅から、モコタンは忽然《こつぜん》と姿を消した。その瞬間は誰も見ていない。

モコタンは、自宅では係留されず自由にさせてもらっていた。飛ぶこと、跳ねること、突つくことが面白くてたまらないという様子で、家の中を好きなように冒険していた。だから最初は、どうせ家のどこかにいるのだろうと思っていた。名を呼びながら、ここかな、あれ、いない。じゃ、ここかな？　ここでもない、あれ？　じゃ、どこだろう……。心臓が嫌な具合に浅い動悸《どうき》を打ち、徐々に喉元にせりあがってくる。そして、ざっと血が下がるのを感じながら悟った。モコタンはいないのだ、と。風を通すために網戸にしてあった扉の隙間から出て行ったとしか考えられなかった。

この瞬間から一家の日常は一変した。モコタンを探すための協力を求め、考えられる限りの知人に連絡を取り、近所中にお願いしてまわった。市役所にも警察にも届けた。張り紙を作って、あっちにもこっちにも貼ってもらった。一家全員で家々の屋根や木を見上げ、うろうろおろおろ歩き回った。油断するとすぐに涙がこぼれた。モコタンが消えたこの夜、あいにくの冷たい雨が激しく降った。この雨で体が冷えたことだろう、余計にエネルギーを失ったことだろう、何か食べられているだろうか、どういうものを食べたらいいか、モコタンにそれがわかるだろうか、羽が濡れそぼって飛べなくなっているんじゃないだろうか、カラスに追われたらどうしよう……。考えれば考えるほどに苦しかった。コノハが止まり木から落ちて横たわった日の姿が目に浮かんだ。今日、見つけてやらなければ、もう永遠に生きたモコタンを見ることはないのではないか……。柳沢さんの切迫した気持ちを友人たちも察して、フクロウ探しの輪は静かに広がった。SNSでも拡散が始まった。

最初の知らせは早々に届いた。ロスト発生の翌日、近所の民家の庭先にフクロウが突然現れ、驚いた家人が知り合いに話すと、「あれ、それって柳沢さんちのいなくなったフクロウじゃない?」ということになって、連絡してくれたのだ。特徴を聞くと、確かにモコタンだった。柳沢さんの家から小さな緑地を隔てたすぐ先にある家で目撃されたことになる。モコタンは、いったんは緑地を目指し、そして、人家に現れたのだ。一気に人間から離れようとしているわけではない。

数日後には、やはり近くの家の物干し台にフクロウが止まっていた、という連絡が来た。そこの家の奥さんは、捕まえようとは考えたのだが、そばで幼い子どもがフクロウを怖がって大泣きしはじめて、とても無理だった。初めて間近に見るフクロウの、どこをどう捕まえればいいのかさえ、わからなかっただろう。奥さんがためしに犬用のジャーキーを差し出してみたら、モコタンはさっとくちばしで受け取って、そして飛び去ったという。お腹がすいているんだ、ジャーキーは食べたこともなかったけれども、食べられたんだろうか。それで命を少しの間、つなぐことができるんだろうか。不安はきりがなく湧き上がったけれども、モコタンが生きている、それは確かだった。

リトルズーの仲間がモコタンのロストを話題にし、協力しようと言い合っていたのはこの頃のことだ。クニさんは柳沢夫妻に比べれば明るい見通しを持っていた。

「生き物の力は、そんなにヤワなものじゃないよ。人に飼われていたフクロウだって、本当に空腹になった時にはちゃんと本能が働いて、必死になって食べものを見つけるに決まってる。大丈夫、今の季節は昆虫も多いし、それでなんとか生きていくだろうと僕は思ってる。それに、人を敵と思っていない、餌をくれる存在と思っているんだから、住宅地から遠く離れることもない。カラスに追われて、遠くへ飛んでしまうことや怪我が心配だけれどもね。寒くなって、餌が見つけづらくなる前に、なんとか見つけたいよね。冬はさすがに厳しいから。」

十日おきくらいに、ぽつりぽつりと目撃情報が入った。一件は、東へ十キロほど離れた八千代市の団地の四階のベランダに止まっていた、という情報。かなりの距離を移動していること、木々の密度のより濃い東の方角への移動であること、四階の高さまで飛べること、そして、今もちゃんと生きているということがわかった。かと思うと、次の情報ではモコタンは西へ戻り、習志野市の民家に現れた。どの情報もじっとしていられないほど嬉しかったが、常に「少し前に」という話で、今さらそこへ行ってみても、モコタンの姿は見当たらなかった。

八月の半ばを最後に、情報が途切れた。

今の今もどこかで飢えているのではないか、傷ついているのではないか、暗い物陰で冷たくなって横たわっているのではないか、そう思って心がぎゅっと痛む。柳沢夫妻は当のモコタン以上に難破しかけていた。

店は営業を続けたが、オーナー夫妻がふさぎこんでいる。ダンナはあきらかに機嫌が悪く、奥さんは笑顔が妙な具合だ。ふとした折に心がモコタンに向くと、もう目に涙が浮かぶ。しなくていい夫婦喧嘩もするし、仕事に身が入らない。自然と店の売り上げも落ちていった。このままでは、すべてが崩壊するのではないか。モコタンのことも心配だったが、柳沢家がピンチであることは本人たちにもわかっていた。

ロストの日から二ヶ月半ちかく経った。すでに一ヶ月半は情報が絶えている。膠着《こうちゃく》した状況にしびれを切らして動いたのは、思いがけない人物だった。店の経理を頼んでいる会計事務所の人だ。

「柳沢さん、ねえ、このままじゃ店はもっとまずい状態になるよ。それはわかっているんでしょう？　モコタンを心配する気持ちもよくわかるけど、ただ待っていてもどうしようもないんじゃないの？　いっそ、もう一羽フクロウを飼ったら？　そうしてごらんなさいよ。少なくとも今よりはその方がいいと思うよ。」

奥さんはこの意見に大反発して、憤慨すらした。モコタンはもう帰ってこない、と宣告されたような気がした。

「いや、そうじゃないよ。新しいフクロウを飼いながら、モコタンが帰るのを待てばいいじゃない。同じ待つのでも、気持ちが違うでしょう？」

そうかもしれない、と思った。納得せざるをえない部分もあった。なにしろ、自分たち自身が今、こうして難破しかけているのだから。

九月三十日、一羽のアビシニアンワシミミズクが柳沢家を救うべく登場した。一家は複雑な気持ちでこの美しいミミズクを受け入れた。

冒険の終わり

翌十月一日、秋の青空から降ってきたように、長く途絶えていた情報がリトルズーの仲間から届いた。

「皇居北の丸公園でフクロウが警察に保護された、っていう話がネットに載っていたけど、調べてみたら?」

……モコタンだった。モコタンはネットの情報の海の中からすくい上げられたのだ。

モコタンは北の丸公園の地面に静かに立っているのを、通りがかりの人に発見された。通報を受けて麹町警察の警察官が駆けつけるまで、そこにじっと立っていたそうだ。大人しく捕獲されたらしいから、人間から逃げる気はなかったのだろう。保護されるのを待っていたのかもしれない。

警察は生き物を保護しておくことはできないというので、その日のうちに民間の動物保護シェルターに預けられた。翌朝、柳沢夫妻が駆けつけると、このフクロウがモコタンであることを実証することが難しくて、思いのほかすんなりとはいかなかったらしいが、とにかくモコタンは夫妻のもとに戻った。ケージから出されると、モコタンはふわっと飛び立って、柳沢さんの肩に止まったという。

二ヶ月半、どうしていたのか。どこをどう飛び、どこで眠り、何を食べてきたのか？　カラスにいじめられなかったか？　誰かにやさしくされたことはあったか？　聞いてみたいことは山ほどあるけれども、残念ながら知るすべはない。

柳沢さんの家から皇居までは、直線距離にして二十七キロはある。モコタンはその間を少しずつ飛んで移動したのか？　千葉から東京まで密集した街が途切れることなく連続していて、途中には、新小岩とか錦糸町とか、緑のほとんどない、ビルとネオンばかりが目立つ繁華街もある。モコタンはそういう街をほんとうに通って、はるばる皇居の森に達したのだろうか。

ひょっとしたら、八月のどこかの時点で誰かに拾われ、しばらくは飼われていたのではないか。でも飼い方も扱い方もよくわからなくて、困った挙句、皇居の森なら生きていけるだろう、とその誰かが放しにきたのではないか、そういう説も上がった。

安堵の中で欲張りな想像も生まれた。モコタンは、どうせなら、あともう少しがんばって皇居の森の奥深くまで飛べばよかったものを。夕暮れ時のお散歩をする皇后さまの目に触れて、その静かな鳴き声のことでも歌に詠んでいただいて、お正月の歌会始にモコタンが登場したりしたら、風流だったのになあ、というのである。

この二ヶ月半のことは、永遠にわからないことだらけだが、まあいい。とにかくモコタンは帰ってきたのだ。獣医に見てもらうと、どこにも問題はなかった。ただ脚爪やくちばしが真っ黒に汚れていて、そして、胸の筋肉や翼は見違えるほどたくましくなり、全体の雰囲気が明らかに野性的になっていた。

さて、モコタンが自らを鍛えていたこの夏、ぽーはいたって平穏な毎日を過ごしていた。

娘はぽーとの付き合い方をすっかり心得て、フクロウがいる暮らしを楽しんでいたが、就職と結婚に備えて都内に引っ越していった。

夫は、相変わらず恐る恐るぽーに接する。猛禽類《もうきんるい》だから怖いというのではなくて、自分がまずいことをしてしまうのではないか――たとえば、うっかり逃がしてしまうのではないか、怪我でもさせてしまうのではないか――という恐れがぬぐえないらしくて、一度たりとも据え回しの散歩に出たことはない。妻の大事なフクロウに粗相をしてはまずい、と考えているようすだ。

それでも、ほとんど毎日家にいる夫にぽーも徐々に慣れていって、ソファに寝転ぶ夫の枕元に飛んできて、髪の毛を突つくようなことをするようになった。初めてのときは、夫が大声を上げて、

「ねえ、ちょっと来て！　写真撮って！」

と呼んだのがおかしかった。とうとうぽーが自分に懐いたことが、よほど嬉しかったのだろう。

一ヶ月のお留守番

そして夏が終わって、夫はイギリスの仕事に戻っていった。私も夫の単身赴任生活を少しは助けるために一ヶ月ほど渡英することになった。当初の約束どおりリトルズーのクニさん、ミワさんが、自宅でぽーを預かってくれることになった。ぽーを預けるのに、この二人ほど安心な人はほかにいない。なんの懸念も持たずにぽーを託して、私は日本を離れた。荷物には何枚ものぽーの写真が入っていて、向こうの友人たちに披露するのが楽しみだった。
二、三日後、八時間の時差を見計らって、お店にいるミワさんに電話をかけてみた。

「こんにちは！　ぽーはどうしてます？　困らせたりしてませんか？」

「あらあ、こんにちは。」

その後、ほんの数秒のためらいがあって、

「ぽーちゃんは、お利口にしてますよ。」

とミワさんは言った。短いためらいは不穏だった。

「なんか、問題あり？」

「あのねえ、すっかりしょんぼりしてるの。小さくなっちゃって、肩を落としてね。餌もあまり食べないの。でもマスターは大丈夫って言ってるから、あんまり心配しないでね。二、三日食べなくたって、急にどうなるってことじゃないから。そのうち、ほんとにお腹がすいて、そうしたら食べるでしょう。」

「そうなの……。ミワさんちは、雛の時に暮らしていたんだから、慣れていたはずなのにね。かわいがってもらっているんでしょうに。」

「それだけ苅谷さんになじんだ、っていうことでしょう。家を離れてしょんぼりするなんて、かわいいじゃないの。どこへ預けられてもへっちゃら、なんていうんじゃ張り合いがないでしょ。ぽーちゃんはきっとうんと心細いんでしょうけど、しかたない。そのうち慣れるわよ。わたしたちももちろん大事にして、かわいがってるから。」

家を離れ、預けられることが、ぽーにとってそんなに負担になるとは、考えてもみなかった。餌も食べたくないほど、心細いのか。

遠いイギリスの空の下で、私はこのとき初めて、ぽーがくっきりと「一人前」の存在であることに気づいた気がする。ぽーは、健康で安全で餌が豊富にあっても、それだけではまったく不十分で、しょんぼりと小さくなってしまう。ぽーには心があるんだなあ、私がはっきりとそう思った時に、ぽーは違う存在になったようだった。星の王子さまにとって、故郷の星の一輪のバラが、地球に咲く何百万のバラとはまったく異なるものだったように。

たかだか一羽のフクロウがしょんぼりしたといって、健康で安全で餌があればなんの不足があるだろう。でも、私自身がそれを気にかけずにいられない。それがよくわかった。遠くから、ミワさんのやさしい手と目を頼りにするばかりだった。

ミワさんクニさんに心からのお土産を持って帰国し、迎えにいくと、ぽーは、私の差し出した指先をいつもよりきつめにしつこく噛んで、文句を言うようにピャーピャーと鳴いた。家に着くと、自分のファルコンブロックの上にしばらくじっと立って、ゆっくりと部屋を見回していた。一ヶ月近くをほとんど繋がれて過ごしたことで、ひとところにじっとしていることに慣れたのかもしれない。と思っていると、やにわに飛び立って、好きだったテレビの上、カーテンレール、食器棚といった場所を次々訪れる。そして最後に、電話機を置いている棚の隅が、自分の秘密の場所だったことを思い出したようだった。

ぽーは、以前からいくつかの物を所有している。三つのぬいぐるみ（小さな白いネズミと、二羽の丸々したフクロウ）と、私の靴下の片方（これは、時にハンカチになったり、手袋になったりもする）。これらに挑みかかるように乗ったり、嚙みついたり、引き裂こうとしたり、脚で摑んで飛び、別の場所まで運んでいったりする。しばらくそうして遊んだ後で、ぽーはたいていの場合、最後には自分の秘密の場所、電話の棚の隅にそれらを戻すから大したものだ。几帳面である。特にネズミは小さいので、隅に押し込めて隠すようなそぶりを見せる。

一ヶ月近いの留守の後、ぽーは帰宅して三十分もしないうちに、この秘密の場所のことを思い出

し、隅っこから自分のネズミを引っ張り出して、嘴にくわえて食器棚の上へ飛んでいった。その後はネズミを相手にたっぷり遊び、そして、自分よりよほど小さいそのネズミの上になんとか立って、満足げに長い昼寝をした。こうして日常が戻った。

初めての換羽

秋が深まった頃、換羽の時期が来た。羽が早いペースで抜け替わるのだ。朝、ぽーのいる居間に降りてくると、床に大きな風切り羽が時には二、三枚もはらりと落ちていることがあった。もっとも長い風切り羽は長さが二十三センチもある。羽軸の根元の太さも直径四ミリほどあり、それが皮膚の下に二センチちかくは食い込んでいるようだ。これが抜け落ちるときの皮膚感覚を想像するとぞくっとする。痛くはないのだろうか？乳歯が抜けるときのような感じだろうか？　私の朝一番の仕事は羽拾いということになった。ためしに右の翼の風切り羽を右手に、左の風切り羽を左手に持ってぱたぱたと振ってみた。すると、上向きに浮く力と、前向きに進む力が微妙に感じられた。うれしかった。

換羽は、鳥飼いの使う古いことばで「とや」とも言う。とやが始まった、という言い方をする。漢字にすれば「鳥屋」。鷹匠が、鷹の換羽の時期には普段の訓練はせず、鳥屋に入れて目を配った、ということから始まったことばらしい。栄養面などで問題があると、鳥はとやで調子を崩し、結局命を落とすようなこともある。鳥の暮らしも苦労なものだ。

　ぽーがうちに来たその日以来ずっと、抜けた羽を拾うときれいな箱や瓶に集めてきた。うっかりと掃除機で吸い込むこともあるが、意識的に捨てたことはない。雛の頃のうぶ毛もすべて大きめの瓶に入れている。うぶ毛が瓶の中でふんわりと丸く集まっていると、雛の時のぽーがうずくまって寝ているかとも見える。この前、久しぶりに蓋を開けてみたら、ぽーのにおいがふわりと立ちのぼった。指を差し込んでみると温かみがあって、ほんとうに雛のぽーがそこにいるようで、驚いた。

　初めて迎えた秋の本格的な換羽の時も、抜けた羽は大事に箱に集めた。何かの役に立てる、という心づもりがあるわけではないけれども、捨てる気になれない。美しいと思うからだ。

　遠い昔から世界のあちこちの民族が、鳥の羽を集めて身を飾った。すぐに思いつくのは、アメリカ先住民の長《おさ》が、見事な猛禽類の羽をずらりと並べて頭を飾ったことだろう。女の子がヘアバンドに一本、鷹の羽を挿すなどという絵も思いつく。鳥の風切り羽、尾羽は、工芸品をしのぐほど見事なものだと思う。鳥の羽と、貝殻と、化石は、私をいつも惹きつける。

それで、格別お世話になった人や好きな人へ、心からのプレゼントとしてぽーの羽を透明な袋にきれいに納めて、差し上げたりするようになった。喜ばれることもあるが、時には、なんでこんなものをもらうのだろう、という困惑の表情が一瞬浮かぶのに気づくこともある。地味な茶色をしたフクロウの羽を誰でも喜んでくれるだろうと思うのは、私の思い込みのようだ。

長いものが食べたい

換羽期を迎え、ぽーの「箱きょうだい」の小豆ちゃんは思わぬトラブルを起こした。やけに何度も首を左右に振り、口を大きく開けてげえげえやっているので、町田ママが駆け寄ってよく見ると、何かを一生懸命に吐こうとして吐けずにいるらしい。フクロウは消化できない骨などをペリットとして吐き出すことは日常なので、こんなに吐くのに苦労するのはおかしい、と感づいたママがくちばしを開けさせて中を覗き込むと、喉の奥ぎりぎり見えるところに風切り羽の軸の部分が見えた。ぎくっとして、後先考える暇もなく指を突っ込んで軸をつまみ、引っ張ったら、ずるずるっと長い羽が丸一枚出てきた。

これが喉をもう少し下って、外からは見えなくなっていたら、どうなったのだろう。小豆ちゃんの体長の半分以上の長さがあり、硬い軸をもつ羽を、いったいどうやって飲み込んだのか。まるで刀を飲み込む手品師のようではないか。ママは恐ろしくなって、リトルズーのクニさんに相談すると、もっと怖いことを聞いた。

「羽なんかレントゲンにも映らないからね。かなり困ることになる。胃で簡単に消化されないだろうから、長いままでしばらく消化器をふさいでしまって、下手をしたら開腹手術だったよ。気をつけないと。」

そんな大事に至る可能性があると聞いて、背筋が寒くなるが、なんといっても小豆ちゃん自身の体から抜けた羽なので、誰も見ていない間に羽が抜けたら同じことが起きる可能性はある。そして実際、この後も小豆ちゃんは同じトラブルを何度も起こし、そのたびに一家をぞっとさせた。

そしてぽーもまた、長いものが食べたい。ミミズのような長い虫を食べる習性でもあるのだろうか。ぽーの場合は羽ではない。それよりは、柔らかで、できれば少し伸びる性質のある長いものを見つけるとさっと摑み取り、嚙んだり、引っ張ったり、食いちぎろうとしたりしてさんざん遊ぶ。最初、私は、夢中になって遊んでいるだけだと、ほほえましいくらいの気持ちで見ていたが、どうやら最後にえいっと飲み込んでしまったらしい。

テレビの上でひとしきりがんばって吐こうとしても吐けず、かなり気持ち悪そうにしていたが、そのうち一気に鮮やかなブルーの巨大な塊を吐いた。鮮やかなブルーのペリットを吐くという病気があるのかと思って、私も青ざめたが、気を取り直してペリットをよく観察すると、前日いただいたケーキの箱に結んであったリボンだった。かなりの長さがあったのをまるまる飲んだのだ。それが胃の中でぎゅっと圧縮され、私の親指ほどの塊になって出てきた。これがうまく出せなかったら、どうなっていたのだろう。冷汗が出た。

そして、この事故は一度では済まなかった。スウェットパンツのウエストから抜いた紐を半分近く飲み込んだこともあった。例の秘密の場所で、ぽーが壁の方を向き、やけに首を上下に振っているので何事かと見にいくと、勢いをつけて紐を呑んでいる真っ最中だった。まるで長いうどんをむきになって啜《すす》っているようだった。私は物も言わずに紐を摑んで引っ張ると、粘液にまみれた残りがするするっと喉の奥から現れた。これまた手品かと思うような光景だった。

放し飼いにするなら、ほんとうに気をつけないと深刻な問題になる、とクニさんにも真顔でしっかり叱られたので、以来、居間には長いものを置かないようにした。これまでの三年間に実はもう一度だけ、今度は私が髪をまとめるときに使っているゴムの入ったシュシュを飲み込み、吐き出したことがある。これは真っ赤だったので、血を吐いたかと思って、確かめる手が震えた。

フクロウの子たちのこの分別の無さは、どうしたものだろう。食べていいものといけないものを、どうやって彼らに教えたらいいのだろう。その方法は容易には見つかりそうもないので、私はとにかく長いものはなんでも隠し、小豆ちゃんのママは換羽の季節は気が抜けない。

うぶ毛に包まれたぽー。じっとこちらを見つめ返す。

ぽーのアルバム

雛の間はぺったり腹をつけたアヒル寝で休む。

膝の上に乗せられてきょとん。体重３６５ｇ。

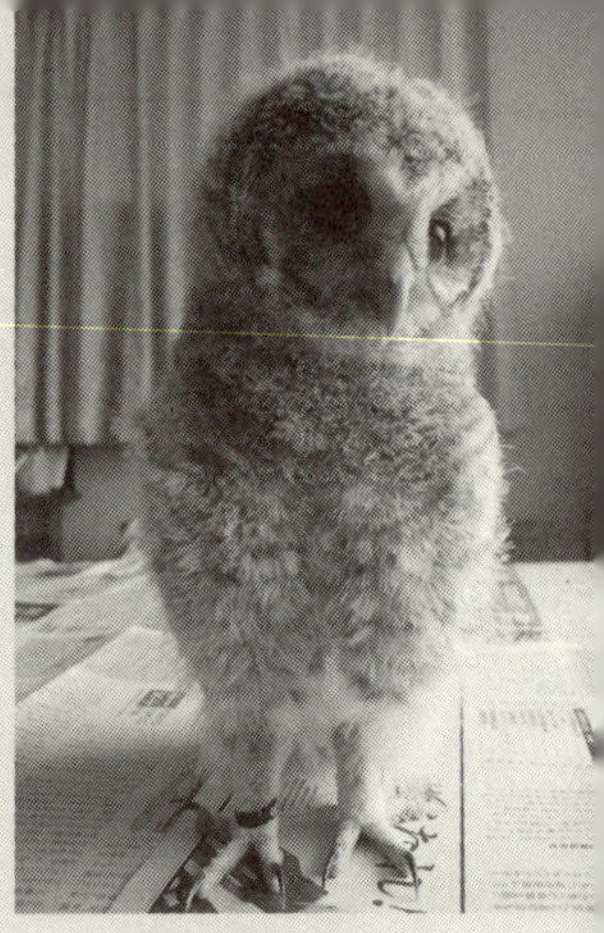

まん丸の頭。意外と長い足。
ドラえもんみたい？

とうとうたどり着いた憧れのカーテンレール。

この子、
ちっとも動かないよ。
おかしいよね。

窓の外の景色を眺める静かな後ろ姿。

ね、何してるの。
こっち見てよ。
ねえったらさ。

二つのぬいぐるみの間に
自分のからだをねじこみ、
仲良く並んで得意げ。よかったね。

羽繕いをしてもらうと、こういう顔になっちゃう。

窓をカラスの影がよぎった。警戒！

狩りごっこのお相手たち。「見ないでよ」って顔。

お風呂にも興味しんしん。自分のタライも持ってる。

見て！
この強く美しい、
自慢の翼を！

5 リトルズーの仲間たち

冬の気配が濃くなるころ、リトルズーの雰囲気はいつも以上に活気づく。鷹狩りの訓練のシーズンが、狩猟解禁とともに始まったのだ。クニさんはもちろんのこと、出入りしている鷹の飼い主、鷹匠たちの気が逸《はや》る。

クニさんが、いま暮らしの中で最も大切にしているのは、手塩にかけた鷹たちを訓練することだろう。普段は寝坊だというこの人が、鷹狩りのためならば早々に起きだし、複雑な準備を黙って丁寧に整えて、冷たい空気の中へと出かけていく。冬は連日これをするために、彼は勤めていた保険会社を辞めた。

訓練の様子を見せてもらった。住宅地から離れ、雑木林に囲まれた休耕田を借りて、鷹を飛ばせる。若鷹の夜叉《やしゃ》は、クニさんが注意深く餌の量を加減して体重を十パーセント絞り、空腹な状態が続いているので、猛々しさといらだちが感じられる。鋭い鳴き声に、見学に集まった私たちまでもびくっとする。クニさんもまた、普段の人当たりの良さは影をひそめ、厳しい顔をして口数も少ない。

三面を雑木林に囲まれている休耕田は、落葉樹の葉がすっかり落ちていることもあって、明るく広々と感じられた。初冬の空は高く大きく、ここに鷹を放つのは、胸のすくようなことだ。が、同時に不安も抑えられない。ノスリなど野生の猛禽類《もうきんるい》やカラスの攻撃を受けて、鷹が怪我を負ったり、追われて遠くへ逃げてしまったりすることもあるという。木立の中でジェスが枝にからんで動けなくなることさえ、ありえる。そうした危険をはらんで、鷹狩りの訓練は始まった。

夜叉は、悠然と、見事な軌跡を描いて飛びたった。「生きている」ということを形にして見せてくれるような美しい飛翔。リズミカルに翼を打つ胸筋の躍動が見て取れるようだった。吸い込まれるように林の中に入っていく。どうやらひときわ高い松の木に止まったらしい。尾羽の根元に付けられた鈴の高く澄んだ音が、聞こえてくる。クニさんの目には夜叉の姿がちゃんと見えているようだ。一息つく時間を与えた後、クニさんは鋭く笛を吹きならして夜叉を呼び戻し、羽のついたままの鳩の肉をロープの先につけてルアーとし、高く投げ上げた。夜叉は、ルアーの軌道を鋭く見抜き、賢いカーブを描いて接近すると、がしっと空中で摑みかかり、かなり乱暴に着地した。草地の上で、翼を大きく広げて獲物を体の下に抱え込み、さっそく鳩の羽をくちばしで乱暴に毟《むし》りだす。クニさんは、「よし、いいぞ」と声をかけながら、鳩肉を取り上げた。満腹になってしまったら、今日の訓練は終わりになるからだ。

何度かそれを繰り返した最後に、仕上げとして、生きたカモを放って狩りをすることになった。カモは知り合いのハス田にいるのを、生け捕りにしておいたものだという。漆黒《しっこく》の夜中、ハスの茎の間で静かに眠り込んでいるカモに背後から忍び寄り、がばっと摑んで捕らえてきたそうだ。

段ボールで運ばれてきたカモは、待ち構えている試練を知らないだろうに、しんと落ち着いて座っている。クニさんは今まで以上に張り詰めた雰囲気を放射し、あたりの枯れ草を鋭い音を立ててぴしぴしと叩き、緊張を夜叉に伝えていく。

葦の茂みに着くと、カモを特別な仕掛けのある箱に入れなおした。手元でスイッチを押せば、バネ仕掛けが働いて瞬時に箱の蓋が開き、下からカモを空中へ押し出すようになっている。

空は薄青く広がって、枯れかけた草が時折、風に鳴るばかりだ。静まり返った葦原に突然硬い音を立てて箱が開いた。カモはぱっと飛び出し、ひゅんひゅんと最大限に羽ばたいてスピードを上げていった。クニさんが腕を一振りして勢いよく夜叉を放つ。夜叉は余裕のある飛び方で追っていく。カモが逃げ切って、自分の命を守り抜くことも時にはあるらしい。けれどもこの日、夜叉は中空でほどなくカモを捕らえ、ばさっと音を立てて地上に降りた。数十メートル離れたところで息をつめて見守る私の目にも、カモの白い羽毛が宙にふわふわと舞うのが見えた。狩りを成功させた夜叉は、興奮のただなかにいて、あまったエネルギーを獲物の羽を毟ることに使っているように見えた。カモはすでに息絶えて、その小さな頭を不自然な角度に垂れ下げている。クニさんが静かに歩み寄っていった。

一羽の鳥の命が見ている目の前で絶えた。

その血と肉が、一羽の若い鷹を満足させていた。

タカの訓練

フクロウは「かわいい、かわいい」で飼えばいいが、タカは違う。やはり、広い野で飛ばせ、狩りをさせてやりたい。そうすると、付き合い方も「アメとムチ」の使い分けが必要になる。愛情はもちろん必要だが、冬には狩りの本能をかきたてるために餌の量を厳しく制限する。そうしながら、鷹匠は信頼関係を築き、訓練していく。

フリーフライトの訓練ではまず、向かい風や追い風、横からの風に慣れさせる。胸の柔らかい羽の付け根で風の流れを感じ、それに対応することを覚えていく。

若いタカが、うっかり気流に乗って高い所まで飛んでしまって、初めて見る見晴らしの良い景色やカラスの存在に怖がることもある。高い梢から心細げな鳴き声ばかりが聞こえてくる。それでも少しずつ降りてきて、最後には必死に鷹匠の腕に飛んでくるという。はじめのうちはそんな頼りない飛び方でも、しばらくすると、一飛びごとに自信を得て帰ってくる。クニさんも「ドヤ顔で帰ってくるんだよ」と自慢げに語る。

フリーフライトをさせ、怪我やロストのリスクも伴う狩りをさせるタカとの関係は、かなり繊細だ。カモを狩るときにも、タカが狩った獲物を人間がいただくわけだが、それを「獲物を横取りされた」とタカに思わせてはいけない。だから、タカが食べるように手羽の部分だけ与えたら、獲物の胴体は、気づかれないように慎重に、こっそりと腰の袋に入れる。本来群れをつくらないタカとの関係性は厳しさの混じったものになるのだ。

鳥の羽を毟ること

狩りの訓練の後、獲物は、鷹にちょうどいいだけの量を食べさせ、その残りは取り上げて人間が食べる。ある日、そうやって持ち帰られた野生の雉《きじ》の羽毟りを、手伝った。死んでから時間が経つと、筋肉が硬直して羽が毟りにくくなるので、その日のうちにさっさとやってしまわなければならないそうだ。

鳥の肉は、羽を毟らなければ食べるのに非常に都合が悪い。鳥の体には数千から二万といった数の羽が生えているそうだが、それをきれいさっぱり取り除かないことには、「鳥の死骸」は「鳥肉」にならない。スーパーに並ぶ鶏肉にもかつては羽が生えていて、それを、どこかで誰かが毟ってくれている。もちろん今は機械化されているに違いないが、鶏の羽を毟る機械が並んだ食肉工場というのも、リアルに想像する人はほとんどいないだろう。鶏皮のブツブツが嫌いだという人もいるくらいだから、そこに綿毛一本が残っていただけで、人はどれほど「気持ち悪い」と言うことだろう。

さて、床に新聞紙を広げて、しゃがみこんで羽を試しにひとつかみ引っぱってみると、抜くには予想以上に力が必要だった。すでに「死後硬直」が始まっているせいらしい。ウンと指先に力を込めると、羽はなんとも言えない重い手ごたえを残して、やっと抜けた。黙って、どんどんと抜いていった。指が血に染まり、無数の羽毛がまとわりついた。

鷹狩りを、残酷、と言う人がいることはわかる。命のやりとりを楽しみとするのは悪趣味だと思う人も少なくないだろう。クニさんも、時に直接そういう批判を受けることがあるようだ。

「じゃあ、あんたは何を食べて生きてるんだ、と聞き返したいよ」

とクニさんはかすれた声で言った。

鷹匠と鷹とカモとがいた冬の原で、命は決して軽視されていなかった。むしろそれを直視するしんとした気持ちが枯れ野原で共有されていたように思う。命がどれほどあっけなく消えるかということ。命をつなぐのに他の命を食べて生きていくということ。「生」そのもの。——それらが現実の絵になってそこにあった。狩る側の鷹だってなにかあればいとも簡単に命を落とすことを、飼い主はよく知っている。そして人間だって、はかない生き物であることは同じだ。

生まれてはじめて鳥の羽を毟ったことを覚えておこうと、私は雉の美しい風切り羽と尾羽をもらって帰った。

後日、カモ肉やキジ肉はリトルズーの忘年会でふるまわれた。カモ鍋と直火ロースト。脂の焼ける香ばしい匂いが店中に広がり、野趣のある旨みは大勢の人間を満足させた。

リトルズーに出入りしていると、こうやって思いがけない光景に出くわす。思いがけない人にも出くわす。

クニさんとミワさん

そもそもクニさん、ミワさんのカップルがすごい。この二人が以前4DKのマンションで飼っていた動物たちは、四羽のフクロウとフィンランドオオタカの夜叉、チゴハヤブサ、蛇やトカゲや亀など、多彩だった。二人の生き物への愛情や知識、飼育のスキルや知識を仲間たちも賞賛し、文字通り「小さな動物園」のようなこの楽園を動物好きに広く見せたいものだ、ということになった。そうやってできたのがリトルズーという店だった。

クニさんは、小学生の頃から、日がとっぷりと暮れるまで野山を歩き回り、多種多様な生き物に心を奪われて過ごした。友だちが夢中になっているファミコンのゲームなんかより、よっぽど山の方が面白いぜ、と思っていた。おやつも抜きでほっつき歩いて、空腹がピークになった時はジョロウグモを食べることもあったという。山歩きをよく知る担任の先生が、その知恵を授けてくれた。

クニさんはその頃から、動物で一番「かっこいい」のは、鷹だと思っていた。ライオンより虎より、かっこいい。美しく賢く猛々しい、この空の王者のことを、遠くからあこがれながら大人になった。そしていまクニさんは、時間に自由のきく仕事をつづけながら、心ゆくまで鷹たちを訓練している。そういう暮らしを、文句を言うどころか応援してくれているミワさんを、クニさんは「女神様みたいな奥さんだ」と言う。

店が休みの日には二人して害鳥駆除の仕事も引き受けるようになった。訓練も兼ねて鷹たち、フクロウたちを連れていき、カラスや鳩などが集まって困っている工場などに出かけ、追い払うのだ。日のあるうちは鷹が、日没後はフクロウが、活躍する。実際に獲物を仕留めるところまでは追わない。それでも、こうした大型猛禽類の登場はカラスや鳩を十分に怖がらせ、しばらく続けると近寄らなくなるのだという。

一方ミワさんは、おぎゃあと生まれた時から、家に大型犬がいて、またがって遊んで大きくなったそうだ。アオダイショウもトノサマガエルも怖いと思ったことなど、一度もない。

いま、平日は店をたった一人で切り回しながら、同時に、多くの動物たちに細かく目を配って暮らす。餌のことでも体調のことでもすっかり頭に入っているのは、驚くほかない。猛禽の繁殖のシーズンになると、雛がさらに加わるが、それらをかわいがる様子を見ると、根っからの動物好きであることがよくわかる。餌をやるときも、いつも小さい声でなにやら話しかけている。そうしているうちに、何羽かの雛は特別にかわいい存在となっていき、販売をやめて「リトルズーの子」になる。

ミワさんが蛇の脱皮を手伝ってやっているのを、見たこともある。手のひらに乗るようなサイズから飼いはじめたベーレンパイソンのレンタンが、今では軽く二メートルをこえるサイズになり、脱皮を繰り返してまだまだ大きくなっている。脱皮は季節や体調によってはスムースに進まないことがあるそうで、脱皮の失敗で命を落とすことすらあるから、油断できない。ミワさんは横で様子を見ながら、スルンと脱いでいけるように古い皮を引っぱってやったりしていた。

蛇はそんなふうにして長年飼っても、飼い主に「懐《なつ》く」ことはないそうだ。でも、脱皮したての皮の美しさは目を見張るほどで、さらさらとなめらかであり、そのすぐ下でしなやかに動く筋肉も魅力的で、私も少しずつ蛇を愛するミワさんの気持ちがわかるようになってきた。

リトルズーの常連たち

東さんちには二羽のフクロウがいる。ニシアメリカオオコノハズクのクウちゃんと、メガネフクロウのポンちゃんだ。ＩＴに強い東さんは、このフクロウたちの動画を

YouTubeやフェイスブックに上げて、たいした人気を博している。特にクウちゃんはkuuowlの名で知られ、キッチンの床を軽やかに駆け寄ってくる姿や、東さんに頭を掻いてもらってうっとりとしているところ、いかにも気持ちよさそうに水浴びをする様子など、閲覧数が数十万に達する動画もあるのだそうだ。結果、東さんちのフクロウたちはお金を稼いでいる。画面に添えられた広告のアフィリエイト料が入るのだ。毎月の餌代を超える額が入っているらしい。クウちゃん、ポンちゃんは親孝行だ。

とはいえ東さんだって、ただフクロウたちに稼がせているわけではない。

私たちはフクロウに冷凍の餌を与えているが、自然界で食べていたはずの獲物とは栄養価に差があるだろうということで、鳥用のビタミン剤や整腸剤、カルシウム剤といったサプリメントを連日のように与えたりしている。でも東さんのところでは、クウちゃんが味やにおいに敏感で、そうしたサプリメントを餌に振りかけると途端に食べなくなってしまう。それで、薬局から一番小さな薬剤用のカプセルを買ってきて、カルシウムやビタミンを詰め、餌の肉に埋めて飲ませているそうだ。それでも時にはその固い食感をいやがって吐き出してしまうので、水に少し浸してカプセルが柔らかくなったときにすかさず与える、という努力までしているという。

マンションの部屋にはあちこちにフクロウたちの止まり台が設けられている。さらに今は、太いヒノキの丸太を買い求め、クウちゃんの体にちょうどいいサイズの洞穴を工務店に頼んで開けてもらって、リビングに洞穴つきヒノキの柱を立てる予定だという。背面には掃除のための開け閉めできる穴があくそうだ。

世のフクロウの境遇にもかなり格差があるわけである。


アケちゃんは、その存在感という点で別格の常連である。手間とお金をかけて改造した一五〇〇CCの愛用のバイク、ワルキューレをドゥロロロと響かせて夕闇に沈むリトルズーに「まいど！」と登場する。

アケちゃんは大阪の人だ。なかなか「ええとこの子」で、八歳の頃セキセイインコのつがいを飼いはじめると、庭に一坪ほどの禽舎を作ってもらい、百羽を超えるまで繁殖させた。クニさん同様、放課後のほとんどは近くの山で過ごしたという。藪をこいで蜘蛛の巣だらけになって歩き回り、野鳥を追いかけてはその生態をつかんでいった。そういう遊びを同じくらい楽しむ友だちはいなかったから、山の中では孤独だった。でも、それが苦になったことはない。中二でオオタカを手に入れると、ますます鳥にのめり込んでいった。

けれども、せっかく入った大学を半年でやめ、東京に出て水産会社に勤めてからは、お金もなく鳥どころではなくなった。代わりに人間の女の子に夢中になった。

ある日、大型冷凍トラックを運転して築地市場の近くを走っていた時、すぐ目の前を大きな鳥の影が横切った。ハリスホークだった。あ！　と思った。思わず仕事も忘れてあとを追った。ジェスをしているから飼い鳥だが、飛び方を見ると、フリーフライトの訓練中とは思えなかった。ロストバードではないか。鷹がビルの陰に消え、その姿を見失うたびに焦った。しかし結局、幸運の女神がほほえんで、アケちゃんはとうとうそのハリスホークを捕らえたのだった。小さなアパートに連れ帰って、怪我がないか確かめ、餌をやった。久々の感触……。すぐに警察と関係機関に連絡した。持ち主が見つかったら返さなければならないが、「見つからないといい」と思った。ひやひやしながら数週間を過ごした後、ハリスホークはアケちゃんの鳥となった。

再開した鳥飼いはもう止まらなかった。ローンを組んで鳥を手に入れていった。ハリスホーク、ソウゲンワシ、アフリカワシミミズク、カラフトフクロウ、と増えていったちょうどその頃、カフェ・リトルズーの噂を耳にした。水産会社のトラックで、昼休みの休憩を兼ねてぶらりと立ち寄ったその日に、アケちゃんとクニさんは出会い、即座に意気投合したのだった。「孤独な鳥飼い少年」たちが、相棒を見つけたようだった。

リトルズーに頻繁に出入りするうちに、アケちゃんの中にあるあこがれが生まれた。

自分もこんなふうな店を持てないだろうか。サラリーマンの趣味としてでなく、文字通り鳥にまみれて生きていくことができないか。この夢は抑えようもなく膨らんでいった。クニさんがいい相談相手だった。

二〇一七年四月現在、アケちゃんは浅草と六本木に「鳥のいるカフェ」を持つ経営者である。何羽ものフクロウ、インコ類、ワライカワセミなどがいて、鳥好きにとっては夢のような空間を作り出している。広いとは言えない店内で多くの鳥を飼い、お客に触れあいもさせている背景には、彼の鳥飼いとしての長い経験と知恵が生きている。決して頑強とは言えない鳥たちは、そういう背景がなかったら、あっという間に死んでいったただろう。

めでたく鳥まみれの仕事を得たアケちゃんだが、彼は仕事を離れても鳥まみれの暮らしだ。晴れた休日には東京湾に近い運河のほとりに立って、鮮やかな空色のコンゴウインコのルーちゃんを飛ばせる。彼の腕から放たれた青い鳥は、美しい軌跡を描いて殺風景な運河の上を飛んでいき、豆粒ほどになり、そして見えなくなる。でも結局最後には、アケちゃんの腕にぴたりと戻ってくる。彼の手のひらには数粒のひまわりの種が握られているが、ルーちゃんは、そんなもののために戻ってくるのではないだろう。アケちゃんの腕が、ルーちゃんの帰ろうと思う場所なのだ。

いちばんの強者、ふみさん

ふみさんというすごい人もいる。

ふみさんは北海道釧路の地に生まれ育った。厳しい自然環境だけに、身近にあまり生き物がいなかったから、よけいに生き物に心を惹かれることになったのかもしれない。小さい頃、おじいちゃんがデパートに連れていってくれて、何でも買ってあげようということになった時、ふみさんが選んだのは食用ガエルのオタマジャクシだったという。その後も毎月のお小遣いをせっせと貯めて買うのは、熱帯魚やその水槽、ヒーター、フィルターなど。ペットショップはふみさんの大事な場所になった。

大人になって一人暮らしを始めると、アパートでウーパールーパー、亀、カメレオンなどを飼いはじめた。ウーパールーパーは繁殖もさせた。ずらりと区分けされた園芸用の種苗ポットに赤ちゃんを一匹ずつ入れて、小さいエビや刻んだイトミミズを与えて育てる。団地のように並んだポットから、餌をもらおうと丸い顔で見上げる子ウーパールーパーたちは、それはかわいかったという。ふみさんの最初のカメレオンは堂々と大きくて、発色がとても良く、コンテストでみごと優勝までした。

そのふみさんは今、結婚してごく普通の家で暮らしているが、普通でない数の生き物を飼っている、と聞いたので、普通でない数というのはどれくらいなのか、実際の数字を聞かせてほしい、と頼んだ。

「いやあ、自分でもはっきりとはわからないからねえ。それに、すぐに答えられるような数じゃないから。」

と笑っている。それなら、今ここで指を折りながら数えてみてよ、と言うと、

「犬でしょ、フクロウでしょ、カメレオンでしょ、カメでしょ、……」

と言いながら、思いがけない数の指を同時に折る。百を超えたあたりでわからなくなった。どうやらドリトル先生の家のような暮らしをしているらしい。

ポメラニアンが七頭、フクロウ六羽、ハリスホーク一羽、フトアゴヒゲトカゲ二匹、オニプレートトカゲ一匹、レオパードゲッコー三匹、ニシアフリカトカゲモドキ二匹、ヤモリ三匹、ロボロフスキースキンクヤモリ三匹、アシナシトカゲ一匹、三種類のカエル、ハリセンボン一匹、カメレオン四匹、ウーパールーパー二匹、スーパーミユキメダカ。蛇はラットスネークとボールパイソン。ミズガメはカブトニオイガメとミシシッピニオイガメとヒラリーカエルガメで、リクガメはヒガシヘルマンリクガメとケヅメリクガメ二頭（大きい方の「お嬢」は甲長四十五センチ、幅三十五センチ、体重二十三キロ）とアルダブラゾウガメとヒョウモンリクガメ一頭とゾウガメ二頭。哺乳類では数え

切れない数のモルモットとデグーと二匹のハムスター。昆虫類では、ヨロイモグラゴキブリ六匹と、タランチュラ、サソリ。他の生き物用の餌としてのゴキブリやコオロギ、マウスをプラスチックの衣装ケースで飼っている。中には、何匹いるかわからないものや、ダンナさんのてっちゃんが「○○もいたじゃない」と促して、ようやく思い出されたものもある。家のどこかに隙間があればなにかを飼いたくなってしまう。

「ちょっと飼いすぎかも……」ふみさんはぽつりと言った。

フクロウだけでも五種類。これまで触れてこなかったが、実は販売されているフクロウの値段はかなり高額だ。ふみさんの六羽のフクロウの総額は、二百万円を下らないだろう。家じゅうの生き物の値段、餌代、電気・水道代、治療費などを想像するとめまいがする。それでも、ふみさんは新しい生き物に出会うと、もう飼う場所がない、お金がない、と言いながら手に入れずにはいられない。寡黙なてっちゃんは、眉のあたりに困ったような表情を浮かべ、いい加減にしなさいよ、と言いつつも、柔らかな苦笑とともに見守っている。

リトルズーの口の悪い仲間は、「ふみさんは、おかしいんだよ。変人なの」などとからかうが、誰もがその動向から目が離せない。私も、ジャンボ宝くじを買ったふみさんに神様が幸運を恵んでくださることを心から願っている。十億円を手にしたら、ふみさんはいったい何をするだろうか。

「まず家を買うね。クニさんが勝浦にいい土地を見つけててね。一緒に動物園みたいな家を作ろうって言ってるの。ひろーい古民家がいいよね。で、後は動物だな。まずは宝くじ当てないと。」

リトルズーには大きな蛇もいて、ほぼ毎月、脱皮を繰り返しているので、蛇の脱いだ皮がもらえる。これをふみさんも持っていて財布にしまっているから、古来のまじないにあるようにその威力で金持ちになってほしいと思う。


ぽーを飼うことになった結果、私の世界は確実に広がった。次にどんな人に出会うか、どんな景色を見ることになるか、まるで子どもにかえったように、真新しい期待が胸に広がる。

6　骨を折る

期待が胸に広がったというのに、私は正月早々、実家の階段から落ちた。近所の接骨院にかつぎこまれ、三ヶ所も折れていることがわかった。右足首の上の脛骨《けいこつ》と腓骨《ひこつ》の両方に骨折箇所があった。全治三ヶ月の重傷だった。

外科の医者は、手術をして金属を当てがい、ネジで固定すれば早く動けるようになる、ただ、手術をしなければ治らないというわけではない、どっちがいいか選びなさい、と言う。迷ったけれども、手術をしない方を選んだ。発掘される恐竜の骨や古い人骨に、骨折の自然治癒の跡があるという話を聞いたことがある。それならば私だって、と思い、そう言うと、そんなことを言う患者は初めてだと医者が笑った。

六週間は決して足に体重をかけないこと、宙にうかせて動かさないこと、と指示された。松葉杖で動き回っていて転んだりしたら、患部をさらに痛め、そうなったらもっと大変な手術になりますからね、と釘を刺された。そして、目の前が暗くなるほど痛い施術で骨の位置を修正してもらい、ギプスで固めてもらって帰宅した。

社会人になって多忙な娘が駆けつけ、リビングに簡易ベッドを広げてくれた。明日からはこの一部屋で重傷の骨折患者と若いフクロウの同居生活が始まることになる。当面必要になりそうなものを娘に買いに行ってもらって、いよいよこの珍事を一人で乗り切る用意ができた。今はショックと痛みで弱気になってはいるものの、その段階さえ乗り越えれば、工夫して難局を切り抜けるのは、面白いはずだ。心配顔の娘に明るい挨拶をして帰ってもらった。

新しい事態

さて、ぽーは、新しいことを前にすると距離をとってじっと観察し、様子を見る用心深さがある。突如自分のエリアに出現した大きなベッド、私の足を包む白いギプス、無骨な二本の松葉杖、身近に必要なものをずらりと取り揃えた新しいワゴン、こうした闖《ちん》入者《にゅうしゃ》をぽーは、「興味津々」と「恐る恐る」の入り混じったような態度でカーテンレールの上から眺めていた。

夜がふけても、ぽーはなかなかカーテンレールから降りてきてくれない。私が寝る際は、ぽーはファルコンブロックに繋ぐことにしている。普段ならば、私がひょいと椅子などの上に乗ってカーテンレールにいるぽーのジェスを摑み、簡単に移動させることができるのだが、さすがに骨折直後に椅子の上に立つなど無謀すぎる。

「ぽー、頼むから、降りておいで。もう寝るから。私は重傷なんだよ。」

と言いながら、そんなことを言っても無駄だなあと自分で思う。ことばに出して命じればその通りに行動する、などということは普段だってできはしないのだ。

「親不孝モン！」と言うだけ言って、あとはしかたなく放っておいたら、ようやく数時間後、深夜になってぽーはソファまで降りてきて、私と私の足をつくづく見、布団の上にひょいと乗った。丸い頭をなで、嘴《くちばし》をそっとさすってやると、満足げに首をすくめた。

「これから、この一部屋で普段とちょっと違う暮らしになるんだからね。協力してね。さあ、もう寝よう。」

と私はぽーに話をし、久しぶりに同じ部屋で寝た。


つま先から膝上に達するギプスは、最中《もなか》の皮の片側だけという状態になっていて、どちらかと言えばギプスではなく添え木に近いだろう。それをきっちりと包帯でくるんで足を固定する。そうしておけば、毎日包帯を巻き換えながら、患部をチェックして湿布を当て直したり、少しマッサージをしたり、清潔を保ったりということが可能になるわけだ。相談の結果、通院が無理な間は、接骨院の若先生と助手さんの白衣二人組が毎日往診に来てくれることになった。

初日、このありがたい訪問者を、ぽーは、ちょっと目を細め、体を斜めにして、不機嫌そうに見下ろした。

腫《は》れあがってすっかり変な形、変な色になり果てた私の足首を、先生は優しい手つきでチェックして、いい香りのする粉をふって少しさすってくれた。気持ちいい。優しくされると、小さな子どものような気持ちになる。

「先生、気づいていないと思いますけど、そこにフクロウがいるんですよ。ほら、カーテンレールの上。」

「え、うそ!」

ついさっきまでいかにも専門家らしい慎重さで患部の経過をチェックしていたのに、一瞬で空気が変わった。今度は先生と助手さんが子どものような顔をしてぽーを見上げた。

「うわあ、びっくりした。こんな近くでフクロウを見るのは初めてですよ。あれ? 生きてるんですよねえ。動かないけど。あ、ちょっと動いた。まばたきした。何を食べるんですか？　この部屋で放し飼いなんですか？　飛べるんですか？　あ、そうなんだ。なつくんですか？　触れます？」

「今はひどく警戒している感じだから、触ると本気で突つかれそう。かわいいけど猛禽《もうきん》類《るい》なんですから。でも慣れたら触れますよ。毎日来てくださる間には、かなり慣れるでしょう。私がもう少し動けるようになったら、部屋の隅から向こうの隅まで飛ばせて見せます。」

「毎日来るのが楽しみになりました。名前はなんていうんですか？　そうか、ぽーちゃんか、かわいい名前だな。ぽーちゃん、よろしく！」

ぽーは、あろうことか、首を低く下げ、睨みつけながら、嘴をカツンカツンと鳴らして先生を思いきり威嚇《いかく》した。

「今のは？」

「あ、……先生に挨拶しているんでしょう。」

とごまかす。ぽーは私の状態が普通でないことにおそらく気づいていて、そこに現れた白衣の先生を、救い主とはさらさら思わず、怪しい奴として扱うことに決めたらしい。

ゆっくりすることと見えること

骨はそのうちくっつくに違いないが、骨折したばかりの患部は充血し熱をもって腫れあがり、高く上げていないと血やリンパ液が足先に溜まっていって、きつく巻いた包帯の中で膨張し、とたんにいやな感じの痛みが襲ってくる。

子どもの頃からちょっとあこがれていた松葉杖は、いざ使ってみればやっかいな道具だった。体重を支える腕や脇は痛み、歩幅は残念なほど狭く、なによりまず不安定である。なんどかスルッとすべりそうになったり、バランスを崩しそうになったりしてみて、すぐにわかった。これは早晩転ぶだろう……。そうしたら今度こそ手術だ。

それを避けるためには、すっかり治るまでの日々を慎重に、丁寧に、ゆっくりと暮らすしかない。トイレに行くにも、簡単な朝ご飯の支度をするにも、ぽーに餌をやるにも、「ゆっくり、ゆっくり」と呪文を唱えながらスローモーションビデオのように動く。しずしず、ゆるゆる、そしてほとんどの時間は足を高く上げて寝て暮らす。連れはぽーである。熱中して本を読み、疲れるとぽーを眺める。ぽーは私の視線を苦にしないから、いくらでも眺めていられる。すると、普段のせわしない暮らしの中では見えてこなかったぽーの姿が、目に映る。

たとえば、ぽーのごく小さな羽毛がなにかの拍子に抜け落ちる。それがふわりふわりと落ちていく様を、ぽーは熱心に目で追う。羽毛は、からかうように空中で奇妙な動きを見せ、滞空時間の長さも予想を超える。ぽーは羽毛が床に落ちてもなお真下を向いて眺め続けるが、そのうちに飽きて、ぶるぶるっと身じろぎを一つして元のニュートラルな姿に戻る。でもそこで、私が寝返りをうったりすると、布団が動き、それが空気を乱し、落ちていた羽毛が魔法のようにふわっと床を離れ、気流に乗って数十センチほど舞う。するとぽーは、カーテンレールの上でまた一気に集中し、別人のようなきりりとした顔で羽毛を凝視し、丁寧に羽ばたいて音もなく傍に着地して、捕獲を試みる。羽ばたきのせいで、空気が盛大に乱れ、羽毛が元気に動き回るので、逃がすものかとぽーはムキになってガニ股で後を追う。もともとは自分の体から抜けた羽毛なのに、重大な任務にあたるように一生懸命になって、最後にはきっちりと捕らえる。乾いて、ほとんど重さもないような羽毛を、二、三度ぱふぱふと銜《くわ》えると、なんだあ、とでも言いたいような顔をして吐き出し、またカーテンレールに戻っていく。

ぽーのこうした様子を、ほかになんの用事もなく足を上げて寝ているだけという身の上で日がな一日眺めるのは、たとえ骨が折れていようが、なんという幸せだろう。その間、私は骨折のことなどすっかり忘れている。

ぽーの配慮

　ぽーの側も、私を眺める。カーテンレールの上から私をじっと見下ろす。ぽーの根城であるリビングに出現したベッド、二十四時間この部屋から離れなくなった私、変な足、変な動き。変な道具。ぽーはぽーなりに、遠巻きに眺めながらそれらをゆっくりと理解していったのだろう。骨折から数日後、突然ぽーは私のギプスへの接近を決意したらしい。大げさな羽音を立てて、カーテンレールから離陸し、私の足元へと飛んできた。

「だめ！　それはやめて！　止まらないで！」

　と大きな声を出したが、ぽーには通じない。クッションを積み上げて高く掲げた、包帯とギプスでぐるぐる巻きの足に、ぽーは最初から視線を定めて決然とやってくる。足をさっとどけられればいいが、なにせ重傷だ。自由がきかない。ちょっと角度が変わってもかなりの痛みが走るのに、ああ、骨折した足によりにもよってフクロウが止まるか！　痛みを覚悟して私は体を固くした。

　と、ぽーは着地寸前に二度三度、余計に羽ばたき、ぎりぎりまで空中にとどまって、最後にふわりと、ギプスから出ている爪先に止まった。痛くもなんともなかった。

　ぽーは、ちゃんと加減したのだ。おかしなことになった私の足に、警戒し、遠慮し、丁寧に着地したのだ。ぽーの体重はこの時、四百五十グラムほどだったが、その重みをまったく感じさせない着地だった。これは、ぽーのありがたい配慮と言っていい。えらいぞ。

私の爪先は、患部からの出血が徐々に末端に集まってきて、死にかけのウミウシのような色を呈していたが、その不気味な爪先をぽーはくちばしで数度そうっと突つき、さらにギプスの角に嚙みついたりはみ出ているガーゼの糸を引っぱったりして、この異変を自らの目で確かめていった。

松葉杖にも当然興味を持った。ベッドの脇に立てかけておいた先端に止まろうとしたのだが、バランスを崩して杖がやけに大げさな音を立てて倒れた。ぽーは気の毒なほど怯《おび》えてしまって、以来、二度と近寄らなかった。

あるとき、松葉杖にすがって部屋の真ん中に立っていたら、ぽーが、南側のカーテンレールから北側へ、飛び立とうとしていた。飛行ルート上にいる私はいつものようにその飛翔を見ようと待ち構えていると、ぽーは私の顔の横をすり抜けるようなコースを取り、そしてすれ違いざまの一瞬、松葉杖にすがった私のことをぐるっと首を回して眺めていった。目と目が合った。

ぽーがうちに来てから八ヶ月。飛んでいる最中《さなか》の「よそ見」を目撃するのは、これが初めてだった。いつだって目的地をひたと見据え、真っ正面を睨んで飛んでいたというのに、よそ見ですか？　驚いた。よそ見をする余裕が、できたのだ。

気づけば、飛ぶ能力はかなり上がっていた。一人前のフクロウらしく、ほとんど音を立てずに飛ぶようになった。たった今まで南側のカーテンレールにいたぽーが、なんの気配もなく次の瞬間、まるでワープしたみたいに、すました顔で北側にいる。これには、そのたびに驚かされる。

一直線に飛ぶのが精一杯であったのが、カーブを描くことも、時にはUターンも、できるようにもなった。床を蹴って、垂直に近い離陸もできるし、短時間なら空中の一ヶ所で留まるホバリングも見せる。カーテンレールに着地した瞬間に身を翻《ひるがえ》して反転し、見事なタッチ・アンド・ゴーを見せることもある。

そんな発見に喜んでいた時のこと。ぽーのうんちの始末をすぐにできるようにと、部屋にはトイレットペーパーが置いてある。その上に乗っかってむんずと掴み、紙の柔らかな感触を確かめていたぽーだったが、はずみでロールがころころと転がりはじめ、紙

が巻き戻って床に長く伸びた。するとぽーは、紙の先端あたりを両脚でわしづかみにし、そして、一気に飛び立ったのだ。もちろん床に転がるロールは面白いようにほどけていき、ぽーは、羽衣をたなびかせて飛ぶ天女のごとく部屋の空間を縦横に行き来し、あっという間にリビングはトイレットペーパーの海のようになった。

足を上げてベッドで寝ている私には笑う以外にすべもない。ぽーの慌てたような羽音と私のくすくす笑いが、白い紙の渦の中に広がった。

いつの間にか、ぽーは鳥としてなかなか立派な運動能力を身に付けはじめていた。強く、しなやかな翼をぽーは完全に自分のものとしつつある。

相棒

毎週水曜日には例の班長とバブちゃんという長年のコンビが、連れだって見舞いにきてくれた。もっと頻繁《ひんぱん》にも来られるから遠慮をするな、とさかんに言ってくれたが、「ゆっくり、ゆっくり」と唱えながら暮らせば、ほんとうに困ることはそれほどなくて、週一はちょうどいいサイクルだった。牛乳やヨーグルト、青菜、豆腐などを買ってきてもらい、掃除を手伝ってもらったりした後は、毎回違った趣向のランチとおしゃべりを楽しむ。

「いいねえ、この感じ。重傷って聞いて、最初はかなり心配したけど、どうせ治るに決

フクロウの知能

フクロウがキャラクター化されたものを見ると、博士の帽子を被っていたり、メガネをかけていたり、本を読んでいたりと、「頭がいい」というイメージがつきものになっている。

物語やゲームに登場するフクロウも、主人公に教えを説き、正しい道へ導くような設定になっていることが多い。顔が平らで、その正面に両目が付いており、二本足で直立する――フクロウのその姿が人間に似ていることから、ヒトに近い知能を持っていると考えられてきたのだろう。

カラスやオウム、インコなど、群れをなして互いにコミュニケーションをとりながら生活する鳥たちの知能の高さは知られている。オウムやインコは飼い主が喋る言葉を覚え、自宅の住所を言えたりするし、機械的な「オウム返し」だけでなく、状況に合ったことを言えることもある。カラスも、道具を使ったり、車道にクルミを置いて車に轢かせて殻を割り、中身を食べたりする。

それらに比べると、群れを作らず、自分の縄張りを守りながら独りで暮らすフクロウは、残念ながら実はそこまで賢くはないようだ。食物連鎖のトップに立つ猛禽類にとっては、コミュニケーション力や知恵よりは、狩りのための鋭い爪やくちばし、音もなく飛べる翼こそが大切な武器なのだろう。

まってるし、こうなってみるといっそ楽しいくらいだねえ。当分、これでいいよ。」

とバブちゃんが言うと班長も、

「そうそう、張り合いがあってええわ。ずっと続いてほしいくらいやわ。」

と言う。あまり早く治ってはがっかりさせそうだ。

バブちゃんは、食事のとき、箸の先を嚙み折るほどのせっかちが玉に瑕《きず》だがとにかく気の利く人で、現実的知恵がつぎつぎ湧いて出るのは面白いほどだ。私が「ゆっくり、ゆっくり」と松葉杖で動くのを見て、せっかちの虫がさわぐらしく、さっそくいいことを思いついた。車椅子の導入は大げさだろうが、代わりにキャスター付きの椅子を使えばいい、と言うのだ。さっそく班長の息子の勉強用のものを二人でわいわいと運び込んできた。

「ただし、座るときには慎重に。車椅子とちがってブレーキがないんだからね。椅子から立つときも、つんのめらないように。ほら、練習して。絶対転ばないでよ。」

試してみると、キャスター椅子は久しぶりに私にスピード感のある移動を味わわせてくれた。達者な左足で床を蹴り、手で壁を漕《こ》ぐようにすると、キャスターはザーッといい音を立てて私を運んでくれた。三人の機嫌のいい笑い声が廊下に響き、ぽーが不審げにそれを眺めた。

ある日、温暖な千葉には珍しく、大雪が降った。昼過ぎから降りはじめた雪は、最初は淡々《あわあわ》として、すぐにも消えるかと思われたが、そのうち大粒になり、せっせせっせと降り積もって、みるみるうちにすべてを覆った。ぽーにとっては初雪だった。

ぽーは雨が好きだ。雨粒が庭先のコンクリートのたたきを打つ小さなしぶきと波紋が、虫にでも見えるのか、えらく熱心に雨を眺める。私も雨降りが好きなので、並んで外を眺めることもある。が、ぽーの眺め方はあまりに熱心に過ぎ、しばらくそれをやるとぐったりと疲れて、半日みじろぎもせずに眠り込むほどだった。

そんなぽーであるから、初めての雪に興味を惹かれるのも当然のことだった。暖房のきいた部屋の窓辺に陣取って、盛んに降ってくる雪を眺める。よく回るその首をこまめに上下させて、雪のひとひらひとひらを見ようとする。見ても見ても、雪はとめどなく降り、ぽーはそれでもまだ見ている。不思議なのだろう。窓辺に寄りかかる私の肩の上に飛び移って、並んで一緒に雪を見続けた。ぽーの顔のあたりの和毛《にこげ》と私の耳のうぶ毛が触れ合う音が、世にも繊細な音として耳の奥に伝わってきて、無音の雪景色に添えられた。ポップコーンに似たぽーの体臭がほんわりと香る。

骨が治るのを待つ私には、時間だけはたっぷりとある。肩にぽーを乗せて、好きなだけ降る雪を眺める冬の日を、幸せだと思った。翌朝、目を覚ますと積雪は四十センチを超えていた。

友人たちや家族のちょうどいい加減の応援を受けながら、骨折生活はこうしてかなり快適なものになっていき、気づけば私の右足は着々と回復していった。ほぼ一ヶ月、大雪の日以外、一日の休みもなく往診に来てくださった若先生もぽーに慣れ、ぽーも若先生に慣れた。先生は、診察が終わるとひとしきりぽーに話しかけ、なでていってくださる。

ぽーはキャスター椅子も気に入ったらしい。私がトイレへ行くにも台所に向かうにも椅子に乗って、ざあーざあーと進んでいくのに参加するつもりか、後ろから飛んできて椅子の背に止まり、風を受けると翼を広げたりする。なかなか絵になる光景だと思う。一人暮らしで残念なのは、こういう光景を写真に撮ってくれる人がいないことだ。

私が寝ている時にも、ぽーはベッド脇に置いたキャスター椅子の背もたれに立つことがあった。ふと思いついて、座面をゆっくりと回してみたら、ぽーはみじろぎもせずまじめくさった顔で一緒に回っている。いやならすぐに飛び立つだろうと思うが、いっこうにいなくならない。小さなメリーゴーラウンドだ。ゆっくりと何周かさせると、移動遊園地の主になったような気がした。

こうして三ヶ月がたったころリハビリも終了した。階段を上がって寝室で休むこともできるようになって、ぽーと二十四時間一緒に過ごす暮らしも、ほぼ百日で終了となった。百日で骨はくっつき、ぽーはすっかりいい相棒になった。ぽーももうすぐ一歳である。

7　ぽーのテリトリー

一歳を過ぎて、ぽーにとってはこの家がすっかり「すみか」となった。

毎朝、「おはよう」と言いながらぽーのリードをほどき、ファルコンブロックから解き放つ。ぽーはまるで弾かれるような勢いで飛び立って、カーテンレールへと向かうことがほとんどだったのが、気づけば、しばらく私と遊びたがるようになった。

朝の挨拶

ぽーは羽繕いをするとき、羽を一枚一枚根元の方からくちばしで銜《くわ》え、小刻みに噛みながらしごいていく。その小刻みさ加減といったら驚くほどで、たぶん一秒間に十回近くは噛んでいるだろう。震動といっていいような動きだ。羽並みを整え、羽虫などを退治するためにはそれが役に立つにちがいない。

そしてこの頃、毎朝、私と挨拶を交わすとき、ぽーはこれとまったく同じようにくちばしを細かく振るわせて、私の指のあたりを羽繕いしてくれるようになった。私はお返しにぽーのくちばしのあたりや、頭の後ろなどを指先で細かに掻いてやる。ぽーは、首をすくめて目をつぶって喜び、じいっとしている。掻くのをやめると、また例の羽繕いをしてくれて、私はお返しにもう一度掻いてやる。これが朝の挨拶だ。


この家の構造も、かなりしっかりと把握するようになった。基本はリビングと、キッチンの範囲で暮らしているけれども、隙があれば、もっとあちこち行きたいと思っているのが見え見えだ。たとえば、トイレに行った私が、廊下を歩いてリビングに戻ってくる足音を聞いているらしくて、ドアを開けた瞬間に頭上十センチにぽーが飛んでいる、ということが起きる。ドアを開ける寸前に飛び立って、私と入れ違いに廊下に出ようという計画なのだ。たいしたもので、私と衝突しないように、私の背より高いところをちゃんと飛んでくる。

廊下に出ると、その先の玄関まわりは吹き抜けになっている。玄関ドアの上方に窓があって、ぽーはその縁に止まって外を眺めるのが好きだ。下を走っていくランドセルの子どもや、犬の散歩のご老人、そしてゆっくりと色を変える夕焼けなどを、飽きることなく静かに眺めている。たまに、ほほほほほっと鳴く。道路からは四メートルほども高い位置にあるその窓からの眺めは、森に住むフクロウが周囲を見渡すのと似ているのかもしれない。ぽーがいったんその窓に止まると、数時間はそのままであることが多く、その間、糞もしない。私は下から見上げて、好きなだけそこにいればいい、と思う。「郷愁」ということばを思わせるような後ろ姿なのだ。

ぽーはまた、隙間さえあれば、家じゅうどこにでも入り込もうとする。リラックスしている状態ならぽーの体の幅は十五センチほどもあるが、骨格はその半分程度らしく、実際に計ってみたら七センチの隙間でも無理矢理すり抜けることができた。ロフトやクローゼットの上の段、私が寝室としている和室の天袋など、要は高くて狭くて暗いところが好きなのだが、扉が七センチ開いていれば強引に入り込む(戸をちゃんと閉めない私が悪いが……)。天袋にしまったお雛様の箱の奥にむりやり入って寝ていた時など、探し当てるのは至難の業だった。家じゅうどこにもいなくて、ロストかと青くなった。こうしたことが事故のきっかけにもなるから、気をつけなければいけない。

ぽーを発見するきっかけは二つある。一つは、私が「ぽーちゃん、ぽーちゃん」と呼びつづける。すると、最後にはそれに対してクークーと答えてくれたり、身じろぎをして音を立てたりしてくれて発見となる。

もう一つは、私がビニール袋や畳をひっかいたり、小さな鈴を鳴らしたりと、ちょっと珍しい物音を立てる。すると好奇心にかられてぽーが自ら私のもとにやってくるというケースだ。「ねえ、何やってんの？」という様子で、ひょっこり現れるぽーの姿は、私を喜ばせる。

フリーフライトをさせるか、させないか

ぽーを野外で飛ばせること、それは最初からのあこがれであったけれども、フリーフライトの訓練についていろいろ知るようになると、簡単には飛びつけなかった。餌の量を加減して、体重を安全に十パーセント落とすことなど、かなりの決断がいる。それを実行したとしても、野外でのフライトにはいくつもの危険がある。急な風、野生の猛禽との遭遇、大きな物音などで起きるパニック、その他、予想もつかない何かのせいで、放った鳥がロストとなったり、怪我をしたりすることはあり得る。

それでもやっぱり、野外でのびのびと飛ばせてやりたい気持ちは大きい。ぽーが木々をかすめるようにしてぐんぐんと高く飛び、大きな弧を描いて私の腕に降りたってくれたら、それは胸がすくような体験だろう。

リトルズーの仲間にその迷いを言うと、二通りの意見が戻ってくる。

「やってみればいいよ。大丈夫だよ、きっと。なにしろフリーフライトは気持ちいいからねえ。」

「鷹と違って、野生でもフクロウはそんなにいつも飛び回って生活しているわけじゃないんだから、無理することないよ。特に家の中がすっかりテリトリーになっているんだったら、それで十分だよ。」

確かにぽーは、気に入った場所に陣取ってじっとしている時間が圧倒的に長い。体つきから言っても、フクロウにとって飛ぶことはある程度負担のあることなのだろう。餌が足りている限り、無駄に飛び回ったりしない。テリトリーから出たがる様子もない。玄関のドアや庭に出る窓をすり抜けて戸外へ出ようとしたことは、(こちらが気をつけているからでもあるが)これまで一度もない。テリトリーの外を恐れる気持ちがあるのかもしれない。

フリーフライトをさせるか、させないか。その決断をする「けじめ」に、私は上野動物園に出かけた。動物園の大きなケージで飼育のプロに見守られて暮らすフクロウが、どれほど飛ぶか、飛ばないか、確かめておきたかったのだ。

ぽーの主なテリトリーである我が家のリビングと比べても、上野のウラルフクロウのケージはそれほど大きくなかった。意気込んで動物園に乗り込んだ私は、長期戦を覚悟してケージの前に陣取り、二羽のウラルフクロウを眺めはじめた。メモ帳と鉛筆を用意しているが、書き留めるほどのことも起きない。注意力を維持するのが難しいほど、彼らは動かなかった。寝たり起きたりを繰り返しているが、同じ場所にじいっとしている。たまに体をぶるぶるっとふるわせたり、伸びをしたりするのはぽーと同じだ。目を離した隙に動くかもしれないから、とにかく見続けたが、ちっとも動かないので、じきに飽きてしまった。観察の大敵は退屈とやぶ蚊と、それから飼育員のいぶかしげな目だった。

結婚式のふくろう

スコットランドの伝統的な結婚式には、フクロウが登場することがある。式の途中までは、トレーナーの脇の止まり木に止まって待機している。そしていよいよ指輪を交わすという段になると、トレーナーはフクロウを付添人に向けて飛ばせる。

参列者の頭上を美しい翼を広げてフクロウは飛ぶ。足には、結婚指輪が取り付けられた革製のストラップが付いていて、付添人はそれをほどき、司祭に手渡すのだ。

フクロウが運んできた結婚指輪を交わすことで、新婚夫婦は知恵にあやかることができるとされているそうだ。

結局、三時間と十二分、見守ったけれども、ウラルフクロウは動かなかった。途中、飼育員が餌のマウスを置きに来た時、一瞬、ばたばたっと羽ばたいたけれども、それだけだった。動物園が閉園の時間になって、追い出された。

手厳しい友人は、もっと長時間観察しないと本当の結論は出せないんじゃないか、と意地悪を言うが、三時間十二分だって大変だったのだから、もういいことにしよう。

結論。フクロウはかなりじっとしている生き物だ。じっとしているのが、苦ではないらしい。テリトリーがある程度の広さに確保できているぽーは、それで満足していると考えていいだろう。フリーフライトは、少なくとも当面は考えないことにした。

ぽー、娘を襲う

ぽーが二歳を迎えた初夏に、娘は花嫁となった。大学時代からのボーイフレンドとの結婚式は、二人の母校の美しいチャペルで行われた。披露宴のお開きには、集まってくださったお客様に新郎新婦がお礼を言い、その横で二組の両親も頭を下げるが、新婦の母である私はぽーのきれいな羽根を一枚ずつ包装したものを籠に入れて持ち、「もしよろしかったら、うちのフクロウからのお土産です……」と差し出した。受け取ってくださる方だけでも、と思っていたけれども、思った以上に喜ばれて、結局全員がもらってくださった。ぽーも家族の一員として結婚式に参加できたような気がした。

半月ほど後、娘が結婚して初めてうちに遊びにきた日のことだ。よく来た、よく来た、と娘を迎え入れ、私がお茶をいれようと台所に立ったとたん、ぽーが音も立てずに娘のもとに飛来して、すれ違いざまに頭を蹴っていった。

「痛い！」と娘が大きな声を上げ、頭を抱えていたが、私はちょっとした接触事故だろうと思って笑っていた。

ところが、この後、半日ほどの間にぽーは七回も娘の頭を蹴ったのだ。だいたいリビングの中央あたりに娘が立つと、ぽーが攻撃のために離陸するようだ。ようだ、というのは、私の見ていない時に起きることなので、娘からの伝聞でしかないのだ。ぽーは、私の目を盗んで娘を蹴るらしい。娘はぽーが大好きだったのに、この数時間のうちに恐怖心を抱くようになった。猛禽類の爪の怖さを、思い知らされたのだ。娘はぽーの動きに神経を払い、向かってきたときにはすばやく頭を下げて、攻撃を見事にかわすようになった。

こんなことは、これまで一度もなかった。我が家のリビングに出入りする人は、接骨院の先生まで含めてそれなりに多いが、ぽーがお客様を攻撃したことなどまったくない。これはどうしたことか。

結婚を機に突然ぽーが娘を襲う。これは、ぽーが結婚という制度を知っているからではなくて、たぶん私が変わったのだろう。娘の結婚を、やはり私は大きな変化と感じ、実家に遊びにきた娘を、結婚前とはどこか違う心境で迎えたのではないか。きっと私はうんとはしゃいで歓待したのだろう。それがぽーには気にくわなかったのか。

ぽーはすっかり成熟した一羽のフクロウとなっていて、森にいれば、孤独にテリトリーを守って暮らしていたはずだ。けれども、私が一緒に暮らすことには慣れ親しみ、当たり前になっていた。そのぽーと私の暮らしに親密な雰囲気で立ち入る者のことを、ぽーは気に入らないのだろう。

イギリスの大学に勤めていて、年三回、休みの時期に帰国する夫のことも、ぽーはこの頃から攻撃するようになった。リビングの中央に立つと、やにわに飛んできて、蹴っていく。どうやらそのあたりの空中、直径二メートルほどのエリアは、ぽーが完全に制空権を握っているらしい。少なくとも、ぽー自身はそう思っているらしいのだ。

夫は休みの間、数週間はここで暮らすので、ぽーも慣れるほかなくて、攻撃は止むけれども、娘はたまにしか来ないので、来るたびに一度は蹴られる。玄関を入ってたった二分後に蹴られたこともある。ここは自分の家だ、というぽーの主張に違いない。

フクロウ風呂

こんなふうに、テリトリーを孤独に守るというモリフクロウやウラルフクロウの習性ははっきりと現れる。

たとえば夜、ぽーはすでに餌も食べ、満足してカーテンレールの上で熟睡している。私は習慣で、意味もないけれどもぽーに「じゃ、お風呂に入ってくるね」と声をかけて、浴室に向かう。すると、少しして湯船でくつろぐ私の耳に、ぽーがリビングで大活躍して遊び回っている音が聞こえてくる。私がそばにいなくて自分だけ、という状況が、実はとても好きなのだ。何をやっているんだろう、と耳を澄ませる。新聞を攻撃しているな、あ、テーブルから物を落としたな、あれれ、台所にまで飛んできたぞ、換気扇フードの上に乗ったな、と手に取るようにわかる。

そんなことが何度もあったので、お風呂に入る時にはリビングとの間にある二つのドアを少し開けておいて、音がよく聞こえるようにした。で、いたずらが過ぎると思う時には、

「ぽー、聞こえてるよ。いい加減にしなさいよ。」

と声をかける。

ぽーは、私が風呂場にいることもよくわかっている。ある日、さんざん遊んだ後、風呂場から聞こえる水音に惹かれたか、台所も通り抜け、脱衣場までやってきたのが足音でわかった。風呂場との境は半透明なドアになっている。そのドアにぽーは顔をくっつけて立った。ぽーのヌーボーとした立ち姿がドア越しにぼんやりと見える。

「入る？」

と聞きながら、ドアをゆっくりと開くと、ぽーは首だけ伸ばして風呂場を眺め、ひょいっと跳んで入ってきた。私は風呂のふたを半分しめて、その上に本やタオルや飲み物を置いて長風呂をするのが好きだが、ぽーはそのふたの上に乗っかって、風呂の湯を珍しげに覗きこんだ。

以来、ぽーは時々入浴の友となる。フクロウ風呂はくつろぐことこの上ない。

白くなったぽー

二年目の秋、新しく生え替わった尾羽の数本が真っ白だった。それまでは濃い茶色、薄い茶色が入り混じって、純粋なモリフクロウと見分けがつかないぽーであったのが、突如の変身である。リトルズーに行って、さっそく常連仲間に、「おもしろくなったよお」などとくだらない冗談を言って、笑ったが、クニさんは真顔で眺めまわし、

「やっとウラルの性質が現れたかなあ。これまであんまりモリと同じだったから、ハイブリッドというのは間違いだったかと内心ひやひやしていたけども、やっとだなあ。これからどうなるか、楽しみだね。」

と言った。

「ただ、それにしてもやけに真っ白だ。ウラルは白というよりは薄いベージュだからね。ぽーちゃんのこの白は、完全な白で、ひょっとすると血統のどこかにアルビノがいたのが、こういう形で出てきたのかな。ほら、足の裏側や、くちばしや目の周りも、ほかのモリフクロウに比べてずいぶんピンク色でしょう。こんな子は見たことがないよなあ。世界に一羽のフクロウだよ。」

この後、ぽーは頭も白くなり、翼の風切り羽にも白が出てきて、なんだか不思議なフクロウになっていった。羽軸を中心に半分が白、半分がこげ茶という羽もある。確かに似た姿のフクロウはどこにもいそうもない。ぽーをリトルズーに連れていくたび、

「わあ、ぽーちゃんがますます白くなった。」

とみんなが驚いた。

別に白いのがいいというわけではない。もしも本当にアルビノの性質が混じっているなら、紫外線の影響を受けやすいだろうから、強い直射日光に気をつけたほうがいい、

とクニさんは言う。

それでも、ぽーがユニークな、つまりどこにもいない唯一の姿のフクロウであることは、なんだかとても自然なことのような気がする。私にとって、ぽーはますます、なんといったらいいか、ほんとうにくっきりと、一人前のアイデンティティをもったユニークな存在になっていたからかもしれない。その象徴が、あの白い羽だ。

前にも書いた私の恩師、大村はま先生は、教える仕事の第一の基本は「子どもを知ること」であると言った。でもそれは、世間でよくやるような、アンケート用紙を配って趣味や特技や悩みを聞くとか、健康診断や心理テストをするとか、情報をたくさん集めていけばわかる、そういうことではなかった。自分のことを考えてみればわかる。細かい情報の総計が私です、とは思えない。「私を知ってほしい」とは、それは「私をしっかり見て、ちゃんと目と心に留めて」ということではないか。大村先生はその感覚を言うとき、「子どもの心の部屋にいるような」感じだと言っていた。小さな部屋に一緒にいるようなそういう関係性——子どもの一人ひとりをそういう感覚で捉えたとき、教える仕事ががらりと変わるのだろう。

一羽のフクロウであるぽーが「くっきりと一人前のアイデンティティをもった存在として目に映る」という感覚は、大村先生の言う「知る」ということにかなり近いのではないか、と、この頃思う。

よく見ること、知ること、それを私はぽーに教わった。

新しい体験

三歳の夏を迎えたぽーは、新しい経験を二つした。

蒸し暑い熱帯夜、網戸の向こう側にカナブンが張り付いて、ごそごそと動き回っていた。ぽーはその音を聞きつけ、興味津々で見守っていたが、そのうち、いったいどこにそんな隙間があったのか、緑に輝くカナブンがリビングに入り込み、ぶんぶんと飛び回りはじめたのだ。

ぽーは頭をぐるぐる回しながらカナブンを目で追う。不規則に飛ぶ虫はさぞさぞ面白い遊び相手だろう。と、ぽーはいきなり飛び立ち、カナブンへ接近したかと思うと、まったく目にもとまらぬ早業で脚爪を使って捕らえ、着陸と同時にそれを食べはじめたのだ。

驚いて声も出なかった。生まれてこの方、生きたものを食べたことなど一度もないぽーであったのに、このなめらかな動作はどうだ。誰に習った？　なぜ食べようと思った？　驚きながらも、カナブンを食べていいのか、ちょっと心配だった私は、ぽーの口から残りを取り上げようとしたけれども、ぽーはそうはさせまいと、大急ぎでごくりと飲み込んでしまった。

その後、ぽーはとなりの部屋の本棚に乗って、やけに乱暴にそこらをつついたり、足踏みをしたりして、ひとしきり野性的な振る舞いを披露した。

「見たか！　生きた虫を食べたぜ！　やってやったぜ！」

そんな感じか。ぽーは暗い部屋で孤独を楽しみ、深夜まで本棚から降りてこなかった。飼い慣らされたフクロウではない、という野性気分を味わっていたのだろうか。

この時のことを、おそるおそるクニさんに報告すると、案の定、釘を刺された。

「起きちゃったことは仕方ないけど、そこらにいる虫には寄生虫とか細菌とか、まずいモノがついている可能性があるんだから、気をつけないと。避けられる危険は、避けないとね。九十五パーセント大丈夫と思っても、五パーセントの危険を馬鹿にしちゃいけない。もしも昆虫を食べさせたいんなら、清潔なところで繁殖させた業者のコオロギを使うか、自然の虫なら何日間か冷凍させてから食べさせるか。どっちかだね」

でも、虫を食べちゃったのはぽーだけではないのを私は知っている。皇居で見つかったモコタンは、ロスト中に何を食べていたのか、みんなが知りたがったが、翌夏、答えが得られた。モコタンは据え回しで外に出ている最中に蟬の声を聞くと、やけに興奮し、騒いだのだという。それで柳沢さんがためしにアブラゼミを捕虫網で捕まえてきて、部屋に放すと、モコタンは、迷いなく蟬を追って飛び、見事な身のこなしでキャッチするとあっという間に食べたのだった。迷子だったあの夏、モコタンは蟬を食べて命をつないでいたのだ。

はじめて水を飲む

ぽーのもう一つの新しい経験は「水」だ。

ぽーを飼い始めた時、クニさんに「フクロウは水を餌から摂るから、飲み水を別に与える必要はない」と習った。でも、体温調節のためにも水は大切で、メンテナンスや訓練などで体温が急に上がったような時には、霧吹きで体を冷やしてやるし、飲ませたりもする。

ところが、どういう加減なのか、ぽーは水が嫌いだった。怖いのかもしれない。霧吹きを向けるとあわてて逃げていく。暑くてはあはあいっていても、水を飲もうとしない。このことで私は三年半、困惑してきた。

ぽーの三年目の夏、うちの洗面所の蛇口が古くなってきて、ぴとっぴとっと水滴が漏れるようになった。そのかすかな音にぽーが惹きつけられた。ぽーは雨が好きだ。小さな音を立て、小さなハネをあげる雨を、ぽーは見飽きることなく眺める。それと同じことが洗面所で起きたのだ。洗面台の縁に行儀良く止まって、じいっと水滴がしたたる様子を見ている。

ふと思いついて、そこに洗面器を置いて、水を溜めてみた。一滴ずつ一滴ずつ、水は溜まっていった。ぽーの好きな水滴が溜まって、ぽーの嫌いな水になっていく……。

ぽーは、長い時間ただ黙って水を見ていたが、突然ひょいっと洗面器の中に降り立った。水は深さ三センチほど溜まっている。ぽーはじっと水の中に立ち、それからやにわに水を飲みはじめた。くちばしをならしてぴちゃぴちゃと水を飲むと、斜め上を向いて喉に送り込む、こんな動作をぽーは習う必要もなく、最初からちゃんとできた。ぽーは後から後から水を飲み、いったいどれだけの量を飲むのかと不安になるほど、その動作を続けた。三年半分の水を飲むつもりなのか？　ぽーの体はそんなにからからだったのか？

とうとうしびれを切らして、私はぽーを洗面器から引き離し、リビングに連れ戻った。自分の陣地である食器棚の上に飛んでいったが、数分後、たらたらと水が流れ落ちる音が聞こえてきたので、なにごとかと振り返ると、棚の縁に立ったぽーは、下を向いて、くちばしを大きく開けて、かなりの量の水を吐いていたのだった。まるで飲みすぎた酔っ払いのように！

生き物が、水を飲む適量を自分で加減できない、ということは、考えられない話だ。なにしろ水に関しては初心者のぽーだから、こういう変なことが起きるのだろう。健康に関わることは、まずリトルズーに行って相談をする。ミワさんも苦笑していた。

「まあ、加減がわからないんでしょうねえ。初めてだしね。猛禽は胃液が濃くて、それが薄まると消化力が下がるから、あまり水を飲みすぎないほうがいいんだけど、吐いたのは加減したたっていうことだろうから。少し様子を見ていればいいかな。適量がじきにわかるようになると思うよ。」

というわけで、水とのつきあいはそのまま続けることにした。

はじめて水浴びをする

ぽーはこれまで水も飲まなかったくらいだから、水浴びなど一度もしたことがない。「箱きょうだい」の小豆ちゃんも、ほかの仲間のフクロウたちも、かなり頻繁に、時には毎日、水あびをしていると聞いていたので、それも気になっていた。ぽーはかなり汚れているんじゃないだろうか？

さっそく大きなタライを買うことにした。ぽーのサイズを考えると直径五十センチはほしい。いまどきタライはあまり出番がないらしく、なかなかちょうどいいのが見つからなかったが、最後には大きなホームセンターで見つけた。昔、ドリフターズのコントで頭上から落ちてきたような金ダライだ。

風呂場に置いて、蛇口からわざと少しずつ、細い水流で水を溜めていった。ぽーは、棚に止まって、私のすることをじいっと見下ろしている。水が数センチの深さまで溜まると、私は水に手を浸し、ぱしゃぱしゃと小さな水音を立ててみた。

ぽーを相手にするときには、何事もゆっくりと進めるのが良い。それを私は三年半で学んだ。だから、ぽーとタライを風呂場に放置して、私はその場を立ち去り、気にしながら家事をしていた。

しばらく経って、そうっと覗くと、ぽーは、タライの縁に降りたって、水面を眺めていた。

もうしばらく経って見にいくと、ぽーは、水の中に静かに立っていて、私に気づくとこっちを見、かわいい音をたてて水を飲んだ。「飲みすぎに気をつけてね！」

そしてまたひとときが経ち、風呂場から聞き慣れない音が聞こえてきた。足音に気をつけながら駆け寄ると、ぽーが水浴びをしていた。顔を水につけ、盛んに左右に振って、水滴を散らしている。尾羽もちょっと揺らし、それから、体全体も揺すった。水はばしゃばしゃと一人前の音をたてた。立派な水浴びの音だ。まだまだ下手くそで、水は体の下側にしかかかっていないけれども、それでも水浴びだ。やればできるのである。

「ぽー、よかったねえ。気持ちいいでしょう。それが、水浴びです。なかなかよくできました」

ぽーは満足したらしく、水から上がることにした（水はかなり濁っていた。やっぱり汚かったのだ……）。タライの縁に上がり、続いて風呂の縁に飛び移ろうとして、ばさばさと大きな羽音をたてながらぽーは床に落ちた。すぐにもう一度、飛び上がろうとしたが、また落ちて、ぽーはすっかり慌てた。水に濡れて重くなった体、ぺたっとくっつきあってしまった羽、そのせいで

勝手がまるで違ってしまったのだ。羽を広げてばたつきながら大騒ぎで風呂場と台所を駆け抜け、リビングを跳び回り、自分の体のこの突然の変化をもてあましていた。しまいにはすっかり疲れ、ソファーの上ではあはあと息をした。本当ならばいつものカーテンレールか食器棚に行きたいところだろうけれども、とてもたどり着けそうもなかった。

　これに懲りてしまって、せっかく始めた水浴びが嫌いになったら残念だなあ、と思ったけれども、そんなことはなかった。ぽーの濡れた体はじきに乾いたし、ぽーは水浴びが好きになった。朝一番で私と挨拶を交わすと、餌よりも先にまずは水浴び、という日も多かったのが、この夏だった。

ぽーと私

　お気に入りのカーテンレールやアクオスの上で、寝たり起きたりを繰り返し、静かに過ごすことが多いのは相変わらずだ。ある日など、朝の九時ごろリビングのドアを私とすれ違いに飛び出し、玄関の吹き抜けの高い窓に上がってしまって、夕方五時すぎまでそこでじっと動かなかった。八時間もの間、糞すらせず、外を眺めるのに飽きれば、体を丸くしてひっそりと眠って過ごした。九時〜五時というとちょうどサラリーマンの勤務のようで、夕方やっと部屋に戻ったぽーに「おかえりなさい」と言った。

そんなぽーも、活動モードに入ったときには、器用に翼を使いこなしてあっちへこっちへといきいきと飛び回る。飛ぶときは、くちばしをぐっと結んで、黙って相変わらずまじめそうな、一生懸命な顔をしている。

でも一つだけ、例外ができた。私の頭の上に止まろうと飛んでくるときだけ、ピチュピチュピチュと複雑に鳴きながらやってくるのだ。思わず漏れる鳴き声なのか。何かを私に伝えようとしているのか。

「そこにじっとしててね。今、飛んでいくんだから。」

「行くよ、行くよ、そばに行くよ。」

ぽーの一生懸命な鳴き声を、私はそんなふうに聞く。

秋がきて、私はまた、夫が働くイギリスを一ヶ月ほど訪問し、その間、ぽーはミワさんに預かってもらった。三度目の長期のお留守番だ。徐々に預けることも安心になるだろうと思っていたのに、仲間たちから、愛鳥がふとしたことから突然体調を崩して命を落とす話を聞いたり、ぽーのことも細かにわかるようになったりすると、長期間預けることは以前にも増して心配になった。どきどきしながらイギリスから電話をかけると、やはり、ぽーは餌をまるで受けつけないという。空腹のあまりあきらめて食べはじめる

までにかかった日数は、以前よりも長かった。

一ヶ月後、十二時間の長いフライトのあと帰国して、家にたどりついた私は、まずは熱いシャワーをたっぷり浴びて旅の塵や体の凝りを洗い流し、ひさびさの帰宅を実感した。それからぽーを迎えにリトルズーに出かけると、ぽーは私を見るなり、いかにもなにやら言いたいことがあるように、さかんにピヤピヤクウクウとおしゃべりをし、ミワさんを笑わせた。

　家に戻ったぽーは、自分の領分を点検してまわり、またひとしきりおしゃべりをした後、ふっと思い出したように風呂場の方を見るから、

「そうそう、水浴びでもする？　私もシャワーを浴びてせいせいしたからねえ。」

　とタライに水を張ってやると、ぽーはもうその縁に立って水が溜まるのを眺めている。そして頃合いの深さになると、慣れた動作で水に降り立ち、まずは少し飲んだ後、たっぷりと水浴びをした。羽の振るい方もすっかり上手になった。しばらく水浴びをすると

水から上がり、また少しすると水浴びを再開し、それを繰り返して、気づけば三十分ほども風呂場にいた。

その後、ぽーは、驚くほどの勢いでがつがつと餌を食べた。預けてから一週間以上もほとんど餌を食べなかったのだから無理もない。ぽーは少しやせていた。体重が五百グラム弱という生き物がそれだけの期間ほぼ絶食するということは、命にかかわる場合すらあるだろう。クニさんとミワさんがついていてくれていたから、大丈夫だとは思っていたけれども、ぽーにとって、テリトリーであるこの家を離れることは、それくらい大きな出来事だったということだ。こうして元気に戻ってきてくれたことが、しみじみとうれしい。


好奇心にあふれてよく動く目、惚れ惚れするほど美しい飛翔、しなやかな筋肉と強い爪、そうしたものも、ふとしたことで命が去ってゆけば、ただ虚ろで無残な、ひとかたまりの骨と肉と羽の残骸となる。その危うさ、生と死を分けるものの頼りなさを、知れば知るほど、命というものが光って見える。

長旅の疲れが出て、私はリビングのソファーでいつのまにか眠ってしまったらしい。気づくと枕にしていたクッションにぽーが立っていて、私の髪を羽繕いしている。うつらうつらしながら、手を伸ばして頭をなでてやると、ぽーはひょいっと一跳びして私のおでこに乗っかって、今度は眉毛を羽繕いしはじめた。そっと加減をしているのがわかる。

猛禽類のフクロウをおでこに乗せたまま、また睡魔に襲われる。するどい爪も、強いくちばしも、怖くはない。

……ああ、ぽーは私に馴れたんだなあ

……私はぽーに馴れたんだなあ

眠りに落ちる寸前、私はすっかり安心して、泥のように眠った。

8 おわりに

リトルズーの週末は相変わらず動物好きで賑《にぎ》わっている。いや、相変わらず、というのは違うかもしれない。この何年かの間に、フクロウカフェがすっかりブームになったのだ。いまや首都圏には三十店ほどのフクロウカフェがあるらしい。メイドカフェ、猫カフェに続くトレンドの一つとなって、テレビ番組で取り上げられることも多かった。週末には人気店の前に空席待ちの列ができるという。そういう話を聞いてさらに出店は続き、たとえば浅草雷門周辺だけでも、四つのフクロウカフェがある。毎日、東京のあちこちで百を軽く超える数のフクロウたちが、おとなしくお客さんの腕に止まり、頭をなでてもらっていることになる。世界中を探しても、こんな都市はほかに例がないだろう。奇妙なことだ。

ネットの情報を見て、リトルズーには海外からのお客さんも来るようになった。日本語がまったくわからないような人たちまでがやってくる。アメリカ、イギリス、トルコ、ドイツ、台湾など、かなり国際的である。先日は、小さい店に九人連れの外国人客があり、日本人の客より多いということになった。ミワさんは英語が苦手で、外国人客が来ると急に弱気になり、私のところにSOSの電話が来たりする。動物についての説明やらお願いやら、いろいろ大事なことがあるので、コミュニケーションが取れないと不安なのだ。それでも、外国人客は一様に満足して帰っていくらしいから面白い。フクロウたちの実力だ。

リトルズーにとって、フクロウブームは後から来たことに過ぎない。もちろん店の繁盛も大事に違いないけれども、大事な動物たちを犠牲にするほどは大事ではない。お客さんが興奮しすぎて大声で騒いだり、動物の安全への配慮が足りなかったりすると、ミワさんの表情が硬くなり、常連客でもクニさんにぴしりと叱られる。出禁になることもある。クニさんはふだんは陽気で人当たりがよく、しょうもない冗談を言っては大笑いしているような人だけれども、ひとたび腹を立てると顔色が変わり、声が変わる。店じゅうが、担任の先生が怒ったときの小学生たちみたいにしゅんとする。クニさんとしてみれば動物への接し方についてはどうしてもゆるがせにできないから、「まあいいか」というわけにいかない。この店を愛する客は、たまに怒られてしゅんとしながらも、それでもめげずにまたやってくるのだ。

二〇一六年十一月には、小さな中華料理屋の二階でリトルズー開店五周年の祝賀会が開かれた。五十人を超える常連が集まって、宴は午後三時に始まり、夜中近くまで延々と続いた。その間、窓辺には連れられてきたフクロウたち、鷹たちが威風堂々と立ち、まるでホグワーツ魔法学校のハロウィンパーティーのようだった。

この本を書くことが決まって、リトルズーのクニさん、ミワさんに改めて話を聞いた。

「三年前、「フクロウを飼えばいい」って言ってくれた時、「犬より簡単」って言っていましたよね?」

私は三年の間に少しずつクニさんが変わっていくのを感じていた。彼は三年前の自分のことばについて、今、どう言うだろうか。

「確かに、そう言ったのは覚えてる。でも、もうあれは言わないことにしてます。あれは違った。ごめんね。」

やっぱり。

「ああいう言い方をしたのは、まず予防注射がないこと、それから寿命が長いこと、それがポイントだったわけだけれども、あれからいろんなことがあって、それは違うってわかったのね。

予防注射がないなんていうことは、ちっとも簡単なことなんかじゃなくて、病気を予防する手段がない、ってことだった。犬や猫や家畜なんかと違って、猛禽類《もうきんるい》はまだまだ獣医学も進んでいなくて、平凡な病気にも予防注射が開発されていない。それははっきりマイナスのことだった。予防注射を面倒に思うなんていうのは、考え違いだったよね。

鷹はまだ鷹狩りの伝統があるから、いくらか知識は伝わってきているけど、フクロウは人が飼う歴史が浅いから、わからないことだらけでね。獣医だって、猛禽類をちゃんと診ることのできる医者は、おどろくほど少ないの。千葉のこの辺からでも、猛禽類が具合悪いと世田谷まで車を飛ばすでしょう。だから僕は、この何年かで、ほんとうにたくさんの専門書を読んで、勉強したんだよ。」

あれからいろんなことがあった……。やっぱりそうだったんだ。

「いろいろあって」の中心は、オオタカ、夜叉《やしゃ》のことらしい。

子どもの頃からのあこがれであった鷹をとうとう飼うことになって、クニさんは猛然と勉強し模索しながら夜叉を育て、夜叉を育てることで鷹匠としての自分も育っていった。

その大事な夜叉が、二度、死に直面した。

一度目は野生の雉《きじ》を追って飛んでいる最中に起きた。雉は、猛禽類に追われた時、わざと人の気配の濃いところへ逃げ込む。猛禽類が人を避けることを雉は知っているのだ。けれども人に慣れている夜叉は、人家を避けるはずもない。雉の後を猛然と追っていき、スピードに乗っていたために民家の窓ガラスにそのまま衝突して落ちた。クニさんは、瞬間、夜叉は死んだと思ったという。駆け寄りながら、もう涙がこぼれた。正面からぶつかっていたら、頭蓋骨陥没で即死だったろう。しかし寸前に衝突をかわそうとしたためにガラスに斜めに当たって、助かった。夜叉は脳しんとうを起こしていた。そっと抱きかかえて家に連れ帰り、ひたすら安静にさせた。栄養のある餌を少しずつ与えて、一ヶ月後、やっと飛べるようになった。といっても、あの強い夜叉が最初に飛べた距離はたった三メートルだった。

二度目は、餌のウズラを食べさせている時のことだった。ウズラの腰骨のあたりの大きな一切れを飲み込もうとしていた時、なにげなくクニさんが足元のジェスのねじれを直そうとした。それに反応して夜叉が首を振り、その瞬間、餌がのどに詰まった。あっというまもなく夜叉は窒息し、目はうつろになり、生気を失った。クニさんは、無我夢中で指を夜叉ののどに突っ込み、ウズラの肉を引っぱり出し、口に強く息を吹き込んで人工呼吸をした。なんどかの試みで、夜叉の息がようやく戻った。夜叉らしくもないアヒル寝で弱々しく横たわるその傍らで、クニさんは何時間もただ見守るしかなかったという。

かつてクニさんが、若く賢い夜叉の成長にほれぼれとしている最中に、私はリトルズーを知り、フクロウに出会った。この時のクニさんは、やがて起きる二度の試練のことなど夢にも思わず、猛禽を飼うことの素晴らしさを力強く私に語った。それはごく自然なことであったし、あれから四年ちかく経った今、その語り口に慎重さと苦みが混じったのも、また自然なことだろう。動物の命に関わることについて、彼の神経はいつも張り詰めている。リトルズーにつどう動物たちは、そうやって守られているのだ。

ミワさんにも、おそるおそる切り出した。

「ねえ、ミワさん、私にとって最初に心を惹かれたフクロウは、もうなんといってもアモンなの。前からずうっと気になっていたのに、言い出せないままだったんだけど、アモンはどうしたの?」

アモンは三年前、調子が悪いからということで店に来なくなり、それっきり姿を見ることがなかった。けれども、どんなに気がかりでも、それを口に出すことははばかられた。始終顔を合わせている常連仲間の間でも、触れられずにきたことだ。

「アモンはね、二歳で死んじゃったの。七月だった。結局、理由もわからなかったんだけれども……。

それからモコも、去年、いつもどおりに車に乗って店まで出てきて、あれ、ちょっと元気がないかもな、と思っているうち、一時間もしないうちに死んじゃった……。つらくてね、あの時は普通の顔して店に出てお客さんと話すのが苦しくて、友だちに泣きついて、助けてもらったのよ。厨房で黙ってひたすら皿洗いをするなんていうのはいいんだけど、お客さんに「あれ、モコがいませんね」とか言われると、もうつらすぎて。

……どうして、私が特にかわいがってる子ばっかり、こんなことになっちゃうんだろう。なんか、考え込んじゃうよね。」

「そうだったんだ。つらかったでしょう。かわいがればかわいがるほど、つらいね。」

「ほんとうに。病気とか、死なれることとか、これは慣れるってことはないよね。どうしたって、平気になんてなれない。」

横からクニさんがことばを添える。

「小鳥は、小さいだけに体力もなくて、ちょっとした不調ですぐにぐったりするのね。飼い主がそれに早く気づいてちゃんと手当をすれば、助かることもわりとある。でも、猛禽類は、大きくて体力もあるだけに、痛みや不調を表に出さないで、ぎりぎりまで元気を保つの。狩りをして生きる動物だから、狩りができなくなったら終わりでしょう。だからね、猛禽類は、具合悪いってこっちが気づいた時は、かなり深刻な状態になっていることが多いわけ。」

「怖くなっちゃう話ね。ぽーはこれまでずっと元気に過ごしてくれたけど、何かあったら私は気づけるのかしら。自信がない。たとえば、やけにずっと寝ている日だってあるし、いつもより食べない日もあるでしょう。それが重大な問題だったときに、気づけるかなあ。」

ミワさんが、励ますような声で答えてくれた。

「きっと大丈夫。毎日ちゃんとよく見ている人には、様子がどこかおかしいって、わかるから。うまく説明できないような小さな違いかもしれないけど、なんだか変、ってきっとわかるから……。」

世界中の空に無数の鳥たちがいる中で、一羽の鳥の命をこんなに切実に思うのはいっそ不思議なほどだ。

フクロウに心を惹かれ、知りたいと熱望し、そしてぽーがうちにやってきた。野性的なこの鳥を、知ろうと接近する、そのことが野生を損ねることになるという矛盾はずうっとそこにある。私のわがままな望みでこうして人間とともに暮らすことになったぽーが、できるかぎりのびのびと日々を送っていけるように。そして、ぽーが教えてくれたたくさんの秘密、命の不思議を、せめて大切に受けとって、人にも伝えていけるように、と、いま私は思う。

ぽーに「おはよう」を言い、ぽーがぴいぴいと返事をする日々が、一日一日、うれしい。

謝辞

そもそも、この本は、フクロウの子を飼うという予想外の出来事がなければ、存在しないはずのものだった。その出会いの場となったカフェ・リトルズー、店主の国島洋さんと未和さん、ふみさんや町田さん、東さん、柳沢さん、アケちゃんをはじめとするリトルズーの仲間の皆さん、どうもありがとう！　この本の各所に登場していただいた班長やロレンスさん、海野さんといった大切な友人たちにもお礼を言いたい。

この本では、取材やコラムの執筆は娘の石澤麻子が担当した。かたわらに娘とフクロウを引き連れて本を作るのは、桃太郎みたいな気分で楽しかったが、少し込み入った構成をとったのを、根気よくリードしてくださった筑摩書房の喜入冬子さんに心から感謝している。そして、忘れられないいくつものシーンをイラストに描いてくださった中島良二さんと、それをすてきなデザインに仕上げてくださった野澤享子さんに、私はもちろんのこと、ぽーもたいへん喜んでいることをお伝えしたい。

この小さな本の、たぶん三パーセントほどは、頭にフクロウを乗せて書いた。私がパソコンに向かうと、ぽーが飛来して頭のてっぺんに座り込み、モニター画面に文字が次々現れるのを覗きこむ。時にキーボードに飛び降りて、呪文のような文字を打ち込んでいくこともあった。もしも妙な誤字があったら、それはぽーのせいだ。

ぽーは今もカーテンレールの上で眠っていて、私が感謝しても、しなくても、別にいいという顔をしている。感謝のしるしとして、これからも大事にしようと思う。

コラム参考文献

『世界鳥類大図鑑』バードライフ・インターナショナル総監修、山岸哲日本語版総監修、出田興生＋丸武志訳、ネコ・パブリッシング、二〇〇九年
『週刊朝日百科　動物たちの地球7　鳥類II』朝日新聞社、一九九四年
『動物大百科　第八巻　鳥類II』大隅清治監修、平凡社、一九八六年
Morris, Desmond "OWL" Reaktion Books, 2009.
『世界のふくろう』ヘレンドふくろうクラブ　星商事株式会社、二〇〇五〜二〇一四年
『世界のふくろうシリーズ　アテナのふくろう』ヘレンドふくろうクラブ　星商事株式会社、二〇〇八年
首相官邸ウェブサイト「官邸の「番人」…ミミズクの秘密」
http://www.kantei.go.jp/jp/vt2/main/05/photo-mimizuku01.html

著者略歴
苅谷夏子（かりや・なつこ）
一九五六年生まれ。大村はま記念国語教育の会事務局長。著書に『大村はま　優劣のかなたに』（ちくま学芸文庫）、『教えることの復権』（ちくま新書）、『評伝　大村はま』（小学館）など。二〇一三年よりフクロウを飼い始める。

フクロウが来《き》た
ぽーのいる暮《く》らし

二〇一七年四月二五日　初版第一刷発行

著者　苅谷夏子
発行者　山野浩一
発行所　株式会社筑摩書房
東京都台東区蔵前二－五－三
〒一一一－八七五五
振替〇〇一六〇－八－四一二三
印刷・製本　中央精版印刷株式会社

ISBN978-4-480-81536-1 C0095

乱丁・落丁本の場合は左記宛にご送付ください。
送料小社負担にてお取替えいたします。
ご注文・お問い合わせも左記にお願いいたします。
筑摩書房サービスセンター　電話〇四八－六五一－〇〇五三
さいたま市北区櫛引町二－六〇四　〒三三一－八五〇七